设施农业技术系列丛书　　丛书主编　周长吉

温室倒塌与修复改造案例精选

周长吉　张秋生　闫俊月　魏晓明 ◎ 著

中国农业出版社

农村读物出版社

北京

图书在版编目（CIP）数据

温室倒塌与修复改造案例精选／周长吉等著．—北京：中国农业出版社，2022.8

（设施农业技术系列丛书）

ISBN 978−7−109−29767−8

Ⅰ．①温⋯　Ⅱ．①周⋯　Ⅲ．①温室−修复−案例②温室−改造−案例　Ⅳ．①S625

中国版本图书馆CIP数据核字(2022)第137093号

中国农业出版社出版

地址：北京市朝阳区麦子店街18号楼

邮编：100125

责任编辑：周锦玉

版式设计：杜　然　责任校对：吴丽婷

印刷：北北京通州皇家印刷厂

版次：2022年8月第1版

印次：2022年8月北京第1次印刷

发行：新华书店北京发行所

开本：880mm×1230mm　1/32

印张：5.25

字数：150千字

定价：39.80元

编写人员

丛书主编 周长吉

本书著者 周长吉　张秋生　闫俊月　魏晓明

丛书序
FOREWORD

　　设施农业是在环境相对可控条件下，采用工程技术手段，进行动植物高效生产的一种现代农业方式。在我国土地资源紧缺和国际贸易壁垒的多重压力下，发展高效设施农业已成为当前和未来我国农业发展的重要增长极，也是保证粮食安全和乡村振兴的重要抓手。

　　2022年3月6日，习近平总书记在参加政协农业界、社会福利和社会保障界委员联组会时讲到"要树立大食物观""向设施农业要食物，探索发展智慧农业、植物工厂、垂直农场"。《中共中央、国务院关于做好2022年全面推进乡村振兴重点工作的意见》中提出，要"加快发展设施农业""因地制宜发展塑料大棚、日光温室、连栋温室等设施""推动水肥一体化、环境控制智能化等设施装备技术研发应用"。

　　为贯彻落实习总书记提出的"大食物观"，实现"向设施农业要食物"的要求，社会各界积极响应，或投入资本，或生产转型，设施农业已成为当前和今后相当长时间内的农业投资热点。然而，我国设施农业技术发展的标准化水平相比工业化生产而言还有很大差距。长期以来，设施建设和生产以农民和民间工匠为主力军，他们有经验缺理论，无法系统完整地提出工程设计和运行管理的技术，一些教科书偏理论缺实践，无法直接指导设施农业的工程建设和管理。为弥补这种行业缺失，我们组织策划了这套既涵盖基础理论又重视生产实践的"设施农业技术系列丛书"，全方位介绍设施农业建设的理论和实践，以期为中国设施农业的健康、高效发展增添一份技术保障。全套丛书基本涵盖了当前现代设施农业的前沿技术和主流设备，既可成套使用，也可分别使用。

本书适合设施农业工程的设计、建设和生产管理者学习和参考，也可作为专科学校学生的教材，还可作为农业工程以及设施农业科学与工程专业大学本科和研究生的学习参考资料。对于工程设计和咨询单位技术人员以及设施建设和装备生产的企业人员也具有重要的学习和参考价值。温室工程的经营管理者，可以从丛书众多的优秀案例以及倒塌和灾害的失败案例中吸取经验，也可在设施建设的前期以及设施运行过程中学习和应用书中知识，少走弯路，节省投资，降低运行费用。

由于作者水平有限，精选案例也不一定能代表最现代或最经济的工程建设方案，缺点错误之处，恳请读者批评指正。

周长吉

2022 年 7 月

前　言

PREFACE

　　20世纪80年代以来，我国大规模建设各种类型温室设施。截至2021年，全国温室设施面积已达到184万hm^2，为保障城乡居民的"菜篮子"供应和提高农民的经济收入做出了杰出贡献，设施农业已成为当前我国"大食物"生产中的重要生产方式。

　　我国设施农业从20世纪60年代的塑料大棚起步，通过引进、消化、吸收和自我创新，目前已发展形成了南方以塑料大棚主导、北方以日光温室当家、全国以连栋温室引领的设施农业全面发展新格局，温室建设和生产的科研水平和生产能力不断提高，温室大棚设计和建设标准化体系日臻完善，从事温室工程设计、建造和设备配套，农用物资供应的企业迅速壮大，中国温室已经开始踏上了国际舞台。

　　回顾近半个世纪以来我国设施农业的发展之路，辉煌的背后总有无尽的艰辛，可以说今天的成功是业界同仁们在不断的失败中摸爬滚打着硬生闯出来的。发展现代化连栋温室，我们经历了从"引进全军覆没"到"消化任人宰割"，通过艰难的自我创新才迎来今天基本与世界并行的升华；研究和开发日光温室，更是从民间案例中挖掘提炼，从试验实践中提升总结，通过广泛地摸索才建立起了自主知识产权的理论体系。

　　总结过去，面向未来，本书以温室的倒塌和修复改造为主

1

线，以一个个鲜活的案例为载体，给读者展现出一幅我国温室设施发展历程中悲怆而又壮丽的画卷。说"悲怆"，是因为一栋栋倒塌的温室，不仅从直观上表现为灾后的场区废墟和生产者的直接经济损失，而且在背后还隐藏着我国温室工程技术理论不完善、标准不健全、工程建设不规范，以及我国温室设计者、建设者乃至管理者对温室工程技术掌握不全面、不透彻等大量潜在的隐形忧患，让人痛心；说"壮丽"，是书中还呈现了大量通过修复、改造后的温室，不仅恢复了其固有的功能，而且外观和性能进一步提升，更加展现出了作物生长旺盛的喜人景象和园区生产繁荣的蓬勃生机。

极端天气条件形成的风、雪、雨等是造成人间自然灾害的首要起因，人们统称为"天灾"。真正的"天灾"人类或许无法抵抗，但通过规范的工程技术和建设用材建造的温室大棚在很大程度上具备抵抗一定"天灾"的能力，在未达到设计荷载的极端工况时温室结构不应该发生倒塌，甚至在良好管理的条件下，短期的超负荷状态也不一定能导致温室的倒塌。本书中倒塌温室的案例大都起因于风、雪、雨等自然灾害，但分析倒塌的内在原因发现，大量的人为隐患才是造成温室倒塌的主要诱因，极端天气条件只不过是压倒温室的"最后一根稻草"，从中更多暴露出的是我国温室工程从设计建造到运营管理中的技术短板。

温室倒塌是灾难，更是警钟。本书通过分析每个倒塌温室的事故成因，除了给读者还原事故现场外，还努力试图从理论上找到我国温室设计、建造以及管理中的短板，为今后我国温室工程建设寻找"前车之鉴"，避免行业内类似错误重现，同时也为我国温室工程标准体系的建设和理论研究提供反面实证，从倒塌的温室中不断总结经验，并将其提升为理论规范和行动准则，也不失为对倒塌温室的一种敬畏，这也是本书作者一以贯之的指导思想。

倒塌与修复经常是一对不可分割的"孪生兄弟"。让倒塌的温室恢复生产就必须要修复或重建。整体倒塌的温室须重建，局部倒塌的温室可以修复也可以拆除重建。修复和重建有单纯的恢复原状，但更多的是对原有温室的改造和提升。倒塌温室需要修复和重建，大量使用年久的温室更需要修复或拆除重建。

我国大规模发展现代温室40多年来，大量温室已经超过其使用寿命，许多材料和设备锈蚀、老化；此外，建设初期，由于研究理论不成熟，很多温室设计不够合理，使用的建筑材料也不规范，致使其温光性能难以满足作物当代生产的需要，大量现存温室的改造或重建已经成为当前温室行业的一项重要和急迫的任务。改造提升这些温室不仅需要大量的资金，更需要有效的技术支持。事实上，目前国内能够形成标准化推广应用模式的温室改造方案在行业内凤毛麟角。因此，研究和总结发生在每个人身边的好的温室改造方案，为我国温室的升级改造和性能提升提供更多可借鉴、可复制的优秀案例迫在眉睫。

本书共精选收集了14个案例，分为上下两篇，灾害倒塌篇案例7个，修复改造案例篇7个。温室灾害倒塌案例中涉及风、雪、雨等自然条件引起的灾害，也包含不规范作业和管理引发的人为灾害（如火）；灾害发生的地域从北方的辽宁省到南方的海南省；倒塌温室的类型涉及玻璃温室、光伏温室、塑料薄膜温室和日光温室。温室修复改造案例中包含温室骨架局部锈蚀的维修方案，也有分部工程改造温室后屋面、后墙、山墙、骨架的案例，更有老旧温室加大跨度、提高脊高、增强保温整体提高温室性能的工程实例。不论是温室倒塌分析还是温室修复改造，都从理论和实践两个方面对其典型特征进行了比较全面系统的梳理和总结。

本书可供温室工程设计、建造、监理和运行管理的技术人员学习，也可供温室工程投资新建、改造和补贴的企业家和政府管理人员借鉴，还可供大专院校设施农业工程相关专业学生和教师参考。

由于案例跨度时间较长，涉及地域宽广，受不同阶段温室工程技术理论水平所限，书中案例及分析手段可能与当前工程技术有一定差异，加上作者水平有限，案例分析难免存在错误或缺陷，敬请读者批评指正。

周长吉

2022年5月于北京

目　录

_____ CONTENTS

灾害倒塌 | 上篇

1

河北唐山"3·26"日光温室蔬菜基地火灾的成因分析和重建建议

2019年3月26日，河北省唐山市丰南庄镇的一个日光温室蔬菜生产基地发生火灾，燃烧场景触目惊心，如此大的火灾在我国设施农业生产区，尤其是日光温室生产区发生实为罕见。

1.1　火灾的起因与发展

火灾发生在唐山市丰南区大新庄镇孟庄子村、西滩沟村、东滩沟村、佟庄子村和黄米廒村等5个村的连片集中日光温室蔬菜生产基地内。火源起始于孟庄子村西北部的一栋正在进行焊接安装作业的塑料大棚（图1-1）。焊接工人（可能没有焊工资质）在大棚骨架进行高空焊接作业的过程中，由于当时风力较大（据说在5级以上，按理说这么大的风力不应该进行高空焊接作业），施焊过程中从高空掉落的高温焊渣在风力的作用下飘落到施工大棚旁边的水沟中，将水沟中的芦苇等干草点燃（图1-2），风借火势，将处于下风向4个村的286栋日光温室完全烧毁（图1-3a）。火势一直蔓延到日光温室生产基地的东部和南部边界（图1-3b、c），在专业救火人员的严防死守中才将火势控制在了基地东部和南部村庄的边界。

图1-1　火灾起源的塑料大棚

a.水沟中的着火边缘

b.水沟着火引起旁边温室着火

图1-2　火灾的起始位置

| a.区域总况 | b.区域南部边界 | c.区域东部边界 |

图1-3 基地着火的区域

据介绍，火灾从15：40开始，直到20：30明火才被扑灭，未燃尽的灰烬一直持续燃烧到了第2天。过火区域从西到东漫过了17列日光温室，超过2km距离，涉及4个村的地域。此次救火共出动了14辆消防车和10多辆当地园林处的洒水车，在救火过程中1辆消防车被大火围困而烧毁，还有一辆农户的面包车在火灾中没有来得及驶出也被大火吞没，以及一些农机具和农用车辆来不及转移也在火灾中烧毁。火灾造成包括温室设施和温室内种植作物在内的直接经济损失超过千万元，给当地农民造成的心灵创伤更是难以估量，为当地设施蔬菜的恢复生产也带来了巨大的压力。

1.2 大面积火情蔓延的根源分析

由于日光温室采光的要求，日光温室群建设无论南北方向还是东西方向，温室栋与栋之间一般都留有足够的露地开阔空间。这一空间不仅能满足温室采光要求，而且能够满足安全防火通道和防火隔离的要求。一般而言，一栋日光温室着火不应该引起周围日光温室的连锁反应。以前也确实发生过日光温室着火的案例（有的是孔明灯点燃的，有的是爆竹点燃的），但大都是单栋温室着火，很少波及周围相邻温室。究竟是什么原因将如此大面积相互独立的日光温室"火烧连营"了？带着这样的问题和思考，我们进入了火灾现场。通过现场考察和分析，笔者认为大面积着火主要有以下几个原因。

1.2.1 风借火势是这次火灾的直接原因

发生火灾当天风力较大，现场大风将地面火苗吹向空中，在飘过温室之间的隔离空间后跌落到下风向相邻温室屋面、墙面上覆盖的塑料薄膜和保温覆盖材料上。由于塑料薄膜和草苫、保温被等覆盖材料都是易燃物,而且都是连续铺设,在风力的助推下,大约5min时间即使一栋温室全部过火,屋面塑料薄膜完全烧尽,卷放在温室屋顶的保温被和后墙、后屋面保温帘等,或因屋面塑料薄膜引燃,或因空中飘落的火星点燃。短时间内,来不及任何的施救,上百米长的温室即整体燃烧,给灭火工作带来极大困难。由于火情蔓延太快,大片温室很快成为火海,消防车和洒水车难以进入火场内部,只能在路边守护,大量温室都是在种植者绝望的心态中眼看着被烧毁。应该说大风是这次火灾大面积蔓延的直接原因。

1.2.2 温室透光和保温覆盖材料不阻燃且无防护是火灾蔓延的内在原因

基地内日光温室,从建筑形式看主要分为传统的有后屋面日光温室和本基地特有的一种无后屋面日光温室两种,此外还有一种变形的阴阳型日光温室(图1-4)。不论哪种形式的温室,其后屋面和后墙都不是传统的固定式土建结构,而是采用在塑料薄膜外覆盖可拆卸的柔性草苫和/或保温被的做法(图1-5和图1-6),其中草苫为约2cm厚的稻草帘,保温被为7层工业材料叠置后缝制而成的复合结构材料,由外向内依次为热淋膜(将废旧塑料粉碎融化后涂布在黑色无纺布等材料表面形成的防水保护面层)、针刺毡、太空棉、针刺

a.有后屋面温室　　　　　　b.无后屋面温室　　　　　　c.带阴棚温室

图1-4　基地内日光温室的主要建筑形式

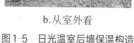

a.从室内看　　　　　　　　b.从室外看　　　　　　　　c.保温被结构

图1-5　日光温室后墙保温构造

毡、发泡聚乙烯、针刺毡和热淋膜（图1-5c），总厚度约1cm。

设施冬季覆盖柔性保温材料形成保温的日光温室，度过严寒冬季拆除柔性保温材料后按塑料大棚管理。这种建筑做法，设施可周年使用。冬季保温性能好，按温室管理；夏季通风降温能力强，按塑料大棚运行。设施周年运行加温和降温的能源成本投入最低。应该说是一种低成本运行的良好设施结构形式，比较适合在土地资源比较紧缺（要求周年高强度开发利用土地）、劳动力富余且相对廉价（每年需要廉价劳动力拆装温室保温覆盖材料）、四季温差较大（冬季冷、夏季热）、冬季日照百分比高（60%以上）的地区推广和应用。

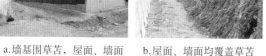

a.墙基围草苫，屋面、墙面　　b.屋面、墙面均覆盖草苫　　c.阳棚屋面、墙面覆盖保温被，
　覆盖保温被　　　　　　　　　　　　　　　　　　　　阴棚屋面、墙面覆盖草苫

图1-6　温室后墙和后屋面柔性保温材料覆盖方式

为了加强温室的保温性能，同时又不影响温室夏季的降温性能，有的温室后墙底部还做了1m高的空心砖墙并在墙体外侧培土，形成固定式保温后墙墙基（图1-7），使温室的保温性能得到了进一步增强。除了保温的功能外，永久性的土建结构还能起到防水作用，可避免场区排水不畅时室外积水倒灌进入温室。此外，低矮的永久结构后墙也不会影响温室夏季的通风。

a.内侧砖墙　　　　　　　　　b.外侧培土

图1-7　固定式保温后墙墙基的做法

从基地设施的覆盖材料和建筑构造看，包括覆盖前屋面的塑料薄膜和活动保温被、覆盖后屋面和后墙的固定塑料薄膜、可拆装草苫及保温被等都是易燃物，而且全部暴露在温室的外表面，任何的火苗都可能引起整栋温室燃烧，尤其塑料薄膜的燃烧速度甚至比草苫还快，任何一处着火很快即蔓延到整个温室棚面燃烧。更可怕的是塑料薄膜被点燃后很快收缩形成炽热的火团并烧断整幅棚膜，烧断后不受约束的塑料薄膜自由端头被点燃后在大风作用下将直接飘向室外上空，带着火苗燃烧的塑料薄膜有的跌落到地面，有的飘向了空中，从而将火源随风不断飘移到着火温室下风向的邻近温室；而基地内所有温室的表面覆盖材料也都是易燃材料，覆盖材料表面没有任何防火的保护措施，春季天干物燥，所有的覆盖材料都处于严重干燥状态（事实上，作为保温覆盖材料，要保持材料的保温性能，在温室的整个保温生产期内都应该远离潮湿，始终保持干燥状态），遇到明火瞬间即被点燃，从而造成了火情的大面积蔓延。由此不难推断，无防护的易燃材料作温室的透光和保温覆盖物是本次火灾蔓延的内在原因。

1.2.3 温室之间干枯秸秆是火势蔓延的接力棒

一般讲，如果风力不是很大，两栋日光温室之间的距离又较大，一栋温室着火的火苗是很难飘落到其邻近温室的。这也正是为什么我国的日光温室大都不作防火考虑的主要原因。从本基地的实际情况看，温室分区之间（包括温室南北之间的分区和东西之间的分区）都设有排水沟（图1-8a、b）。从场区排水的角度看，设置这些排水沟都是合理的，而且也是非常必要的。但从现场实地看，这些排水沟中都长满了野草和芦苇，经过一个冬季后沟内茂密的野草和芦苇全都干枯，日常管理中也没有及时清理，起火后自然就成为火势的传递者。本次火灾的起源也正是这个原因。

此外，为了最大限度利用土地，大多温室种植者夏季都会在两栋温室南北之间的露地种植玉米、果树等农作物。从提高土地产出、增加农民收入的角度看，这种做法是非常合理的，也是实际生产中通行的一种生产模式。从本基地的情况看，相邻日光温室南北之间的空地中主要种植玉米作物，而且为了保持水土，玉米收获后并没有对土地进行翻耕，也没有清理玉米残茬和根茎。在经过一个冬季后这些玉米的根茬也都完全干枯（图1-8c），和场区排水沟中的枯草一样成为火苗的传播者。

a.南北相邻温室间水沟中草秸　b.东西相邻温室间水沟中草秸　c.南北相邻温室间种植作物秸秆

图1-8　温室之间干枯秸秆是火势蔓延的接力棒

正是由于温室周边排水沟中没有清理的枯草和温室之间残留的农作物干枯根茬拉近了温室之间火源传播的距离，即使不是大风天气，只要有风力助推，一栋温室上的火苗也很容易吹落到就近的枯草上并将其点燃。事实上，也正是相邻温室之间的枯草或秸秆成为整个基地火势蔓延的接力棒。

1.2.4　温室缺乏总体布局是火灾蔓延的潜在隐患

据了解，该温室蔬菜生产基地是在20世纪90年代起步建设的。建设的初期都是比较低矮的带后屋面的传统日光温室，温室栋与栋之间间距是按照低矮温室的合理采光距离确定的，多在5m左右。这个采光间距，对跨度7.45m、脊高2.95m的带后屋面日光温室而言应该是基本合理的。但随着日光温室技术的不断发展，温室的总体尺寸在不断加大。在基地建设向外不断扩张的过程中，外围的温室总体尺寸不断加大（跨度9.5m、脊高3.5m），且取消了温室后屋面。为了与早期建设温室在总体布局上整齐划一，一部分后期建设的高大型无后屋面温室仍然保持了前期有后屋面低矮温室之间相同的南北间距。同时一部分早期建设的低矮温室随着使用寿命到期或提升使用性能的需求，也在不断进行大型化改造，但这种改造大都是在原地加大温室的跨度和脊高，而实际上却缩短了温室南北之间的间距，一方面对温室的采光造成了影响，另一方面也为温室之间的防火隔离埋下了隐患。

按照《日光温室设计规范》（NY/T 3223—2018）的要求，对于大面积日光温室区，应进行分区布局，每个小区的边长不宜超过500m，每个小区之间应设主干道，一方面方便交通和物流，另一方面也为了防火隔离。虽然这一规范刚刚颁布，可能无法弥补老旧设施基地业已形成的现状，但对于今后新建日光温室基地或老旧基地改造应尽量贯彻执行，以尽可能避免或减小类似的火灾隐患。

另外，园区的电力线缆全部采用线杆式低空架设，火灾发生后由于必须切断电源，导致整个园区无水可用，严重影响了灭火工作。消防车和洒水车所携带的水量，对于东西长达近百米的日光温室而言，无疑是杯水车薪。如果前期进行整体规划，采用地下埋设的方式布置电力线缆，就可以在地面过火时只切断地表电源而不影响水泵运行，可充分保证灭火的消防用水。

1.2.5　现场救火缺乏统一组织是火灾蔓延的人为因素

造成此次火灾大面积蔓延的一个人为因素是大家缺少团结协作和个人牺牲精神。在火灾刚刚开始的阶段，处于火灾下风向的温室生产者大都处于观望状态，大家抱着看热闹的心态，事不关己高高挂起，对事态的严重性缺乏充分的估计和预判，以至于等火势蔓延到自家温室时再行营救已经为时已晚。如果在火灾的前期，能够尽快组织进行防火隔离，一是拆除中间 1～2 栋温室形成区域隔离；二是尽快拆除覆盖在温室表面的塑料薄膜和保温覆盖材料，阻断火源扩散，都可以有效阻止大火的大面积蔓延。

从现场的施救情况看，在后期的救火过程中，确实有人推倒了其中一栋温室（图1-9a）形成了防火隔离带，或拆除了温室表面的覆盖材料阻断了火源的扩散（图1-9b），成功阻断了火势的蔓延，从而保护了相邻温室免受大火吞噬。如果这一措施能够提早实施，这次的火灾也不会蔓延如此大的面积。

这种救火的经验非常值得借鉴，尤其在火灾蔓延的现场，应有现场组织者，尽快组织拆除 1～2 栋温室形成阻火通道，这当然不仅需要地方领导（尤其是镇长、村支书或合作社的领导们）的快速灵活管理和决策能力，更需要我们的农户能够勇于担当、舍己救人（舍得拆除自己的温室以保护大家的温室免受灾难）。事实上，如果

a.推倒一栋温室形成防火隔离带　　b.及时拆除塑料薄膜和保温被切断火源传递

图1-9　阻断火源蔓延的措施

用一栋温室的损失能换来大面积温室的保护，不论从哪个层面考虑都是一种明智的选择，今天你拆自己的温室保护了大家的温室，相信明天大家也会齐心协力帮助你重建温室恢复生产。当前我国正在进行全国范围内的乡村振兴建设，其中道德建设和村民互助也是重要的建设内容。我们要从中吸取教训，站在全局高度，协同抗灾，将可能的大灾控制在小灾或无灾的范围内。

1.3　灾情评估与灾后恢复重建的建议

1.3.1　灾情评估

（1）温室钢结构骨架　从灾后的现场情况看，大部分温室的钢结构骨架虽然基本保持了原来的总体形状（图1-4、图1-7），但所有构件在火灾过程中表面均被熏黑，而且还都黏附了一层燃烧后的塑料薄膜残迹（图1-10）。恢复重建首先需要全面清除构件表面污浊物，并重新进行二次防腐处理。由于卷放保温被所在位置燃烧时间长，该处温室骨架大都出现局部变形，有的甚至在长时间高温炙烤后局部软化变形并引起温室屋面骨架整体倒塌（图1-11）。从钢结构的承载力分析，在构件经过长时间高温炙烤后，结构内部应力可能发生了重新

图1-10　塑料薄膜燃烧后黏附在骨架的构件表面

分配。理论上讲，经过高温炙烤软化后的钢材，其承载能力将会严重下降。

a.保温被长时间燃烧引起结构局部软化造成整体倒塌　b.阴阳型温室前屋面骨架失稳后引起后墙立柱和阴棚骨架变形　c.温室屋面整体倒塌

图1-11　温室骨架失稳倒塌的情况

综上，笔者认为虽然现存温室钢结构骨架尚有一定的承载能力，但由于无法评估实际承载能力（或者需要进行专业的承载能力评估后确定能否继续使用），而且剔除表面污渍并进行二次防腐处理的工作量很大，清理立柱与屋架表面污渍还需要高空作业，也存在一定的安全隐患，因此重新修复利用温室骨架的价值不大而且还存在安全风险，建议全部清除温室现场，重新进行统一规划建设。

（2）温室土建墙体及钢筋混凝土立柱　从现场看，基地内温室的后墙体有的采用基部1m高的空心砖砌后墙墙基，上部为可拆装的活动保温材料覆盖（图1-7），但大部分温室后墙都不是固定的土建结构墙基，整堵墙体为可拆装的活动保温材料覆盖（图1-12）。温室山墙有的采用与后墙相同的可拆装保温材料覆盖结构（图1-13a），但大部分则采用砖墙结构（图1-14）。基地内大部分近期改造和建设的大跨度排架结构温室室内无柱，但也有一些"琴弦"结构的温室室内有1～2排钢筋混凝土立柱（图1-13b）。从灾后墙体的损坏情况看，土建结构后墙墙基基本保持完好，经过维修后可继续投入使用，但土建结构的山墙有的基本完好，有的则开裂（图1-14），恢复重建中对基本完好的山墙可以经过维修后直接利用，对开裂的山墙建议应拆除重建。山墙和室内用的钢筋混凝土立柱，由于过火时间短，基本保持完好（图1-13），温室恢复重建中可直接再次使用。

图1-12　无固定后墙的温室

a.山墙立柱

b.室内立柱

图1-13　火灾后的温室山墙和室内钢筋混凝土立柱

a.开裂的山墙

b.基本完好的"琴弦"结构
温室山墙

c.基本完好的阴阳型温室山墙

图1-14　火灾后的温室山墙

（3）温室门斗　从现场看，很多温室没有门斗。有门斗的温室，由于屋面梁和檩条大都用木料，在火灾中屋顶基本烧毁，基本看不到有完整屋顶的门斗，只有砖墙结构一息尚存（图1-15）。恢复重建温室时，应尽量利用现存温室门斗的墙体。对基本完好的墙体，可重新整修后继续使用，并在原有墙体轮廓基础上新盖门斗屋面；对部分残留的墙体，也应充分利用原有墙体基础，在原基础上补建墙体并新盖门斗屋面；对墙体基本倒塌的门斗，可全部拆除墙体残体，直接利用原有基础重新砌筑门斗墙体并加盖新的屋面。以上不论哪种形式的门斗修复方案，都应该与新建或维修温室主体结构一并考

a.屋顶烧毁，墙体基本完好

b.屋顶烧毁，墙体部分残存

c.屋顶烧毁，墙体基本倒塌

图1-15　火灾后温室门斗倒塌情况

虑，整体设计，统一维修或建设，不应只考虑利用现有门斗而造成整个新建或维修的温室结构不一致而影响温室的性能和使用寿命，另外也影响整个生产基地的整体风貌。

（4）**保温覆盖材料及卷帘机** 从现场看，所有的保温覆盖材料，包括塑料薄膜、后墙草苫、后屋面-后墙-前屋面保温被全部烧成了灰烬，只剩下与此相关的钢结构构件——卷膜杆、卷被杆、卷帘机连杆及减速电机等（图1-16）。温室屋面卷膜开窗用的卷膜杆由于燃烧塑料薄膜的速度快，杆件内部结构可能损伤不大，在清除表面污渍进行二次表面防腐后可以重新使用，但对于卷被用的卷被杆，由于置身于保温被卷内部，在长时间的保温被燃烧过程中肯定对杆件形成烧伤，内部应力将会发生很大变化；燃烧保温被后表面附着物较多（图1-16a），清理表面附着物和进行二次表面防腐处理的工作量较大；清理后的杆件变形也较大（图1-16b），该类杆件继续使用的风险很大，建议在恢复重建中更新卷被杆。至于卷帘机的减速电机，则应对其进行具体评估，主要看内部的电路是否受损伤，再看表面的防腐层是否需要修复，在恢复重建中应逐一检查，根据实际情况确定是否更换。卷帘机的驱动杆除了连接机头局部区域可能受到长时间烧伤而有变形外，杆件的大部分应该基本保持完好（图1-16c），在检查完表面防腐后可继续使用。

a.尚未清理的卷被轴　　　　b.清理后的卷被轴　　　　c.卷帘机驱动杆

图1-16　火灾后的卷帘机及卷被杆

（5）**其他设备** 包括采暖锅炉、灌溉设备、电气设备等（图1-17）。从现场看，采暖锅炉受到严重熏烤，连接采暖锅炉的热风管道基本烧毁（图1-17a）；表面可见的灌溉设备也全部荡然无存，或许有地下的供水管道没有受到影响，但室内土建的供水渠道基本保持完好（图1-17b）；电气开关直接明装在温室内山墙上，这严重不符合安全用电规范，供电明线基本烧毁。恢复重建温室中，采暖锅炉或许有修复使用的价值，土建供水水渠经过修整后可继续使用，地下埋设的供水管道看实际受损情况确定其利用价值，其他设备则需要完全更新。

a.采暖炉及烟囱　　　　b.室内排水沟　　　　c.电气开关

图1-17　火灾后温室内设备

1.3.2　地方政府对灾后重建的政策

这次火灾损失温室面积大，涉及农户数量多，给当地温室重建和农业生产恢复都带来了很大的影响。但因为引起火灾的直接责任人是大棚安装的焊接工人和建设大棚的老板，考虑到他们的实际经济支付能力，直接追究他们的责任，要求他们赔偿如此大的损失似乎也是不现实的。为此，丰南区委区政府本着安抚民心、稳定社会、增强农民重建家园的信心，提出了对每亩*温室贴息贷款2万元的政策。这部分费用主要用于温室重建需要保温被材料费用约1.2万元，塑料薄膜、压膜线约0.2万元，温室卷帘机及电气控制系统约0.6万元。另外，每亩补助500元种子费用，并委托位于大新庄镇小裴庄村的唐山市天合亿农业发展有限公司进行集中育苗，按照农户提供的种子免费向受灾户提供种苗，以期尽快恢复生产，使受灾群众尽早走出灾难的阴影。

从政府扶持资金的用途看，贴息贷款的资金无法覆盖温室主体结构（包括墙体、门斗和钢结构）的更新改造费用，以及材料和设备运输安装的费用：①不改造更新温室主体结构将给未来温室结构

---

　　* 亩为我国非法定计量单位，1亩≈667m²。——编者注

的安全埋下隐患。②恢复生产的费用中只包括材料费，没有含运输安装费。要么农民自己施工安装，这将对安装质量产生很大影响；要么农民再掏腰包，雇佣专业的安装队进行安装，这将再次加大农民的经济负担。③政府支持仅是贴息，本金尚需要农民自己偿还，因此，政府支持政策在经济上的实质性支持力度并不很大。总体而言，虽然政府出台了支持恢复和发展设施农业的政策，但落实到农民重建设施上并没有显著的效果。有的农户由于劳动力老化或经济实力不足，甚至有人从外出打工的比较效益考虑，或许这场火灾将使他们彻底远离设施蔬菜生产，这种后续的影响或许是这场火灾带给我们更深层次的长远负面效应。或许政府应该以更长远的视角，从保持菜篮子工程持续健康发展的角度出发，制定相关恢复生产的扶持政策。

1.3.3 笔者对灾后恢复重建的建议

（1）统一规划 灾害是人类的不幸，但合理处置灾害又可能会给我们带来全新的机遇。这场火灾确实给当地的农民带来了巨大的损失。在这巨大的灾难面前，个体的农户可能没有太多的应对措施，但作为农业生产的政府管理部门应该面对灾难有所作为。

面对灾后恢复生产，可能有很多的路径和方法。由于本次灾害是成片区域的灾害，在火灾扫过的区域，劫后余生的温室设施很少，为此笔者建议对火灾区域进行重新科学规划布局，将当前日光温室的最新发展技术与当地的自然条件和种植结构调整相结合，以政府工程的形式，引进企业或组织合作社管理，通过土地流转或土地入股的形式，建立全新的现代农业生产和经营体制，使灾害后的地方产业走向跨越式发展途径。

新的规划中，不仅要考虑生产温室的布局，还应将蔬菜育苗、生产资料存放以及农产品产地分级、包装和冷藏、销售等设施相结合。规划中不仅要优化布局温室的场区道路体系、给水、排水以及供配电，还要明确给出生产基地的防火分区，总体布局中每隔一定距离应该设置消防设备，如消防栓、消防水带等，做到作业生产方便、基础设施配套、交通路线流畅、安全防护到位。

（2）规范温室设计 该温室生产基地由于建设起步时间早，发展规模逐年扩大，因此在基地内建设有各种类型的温室。从温室的建筑形式看，有带后屋面的日光温室、无后屋面的日光温室和阴阳型日光温室（图1-4），还有纯粹的大棚结构；从温室承力的整体结构体系看，有竹木钢骨架"琴弦"结构温室、全钢骨架"琴弦"结构温室，以及无"琴弦"全钢骨架排架结构温室（图1-18）；从温室承力骨架的结构构件形式看，有平面桁架结构、空间桁架结构，还有单管结构（图1-19），有室内有柱结构，也有室内无柱结构等。不同的建筑结构形式，不仅影响温室的使用性能，而且也直接影响温室的使用寿命和生产作业，对室内种植作物的选择及温室的运营管理模式也肯定有或多或少的影响。

 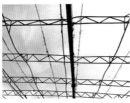 

a.竹木钢骨架"琴弦"结构　　b.全钢骨架"琴弦"结构　　c.无"琴弦"全钢骨架排架结构

图1-18　温室整体结构体系

a.平面桁架和立柱　　　　b.空间桁架和立柱　　　　c.单管骨架+钢筋混凝土立柱

图1-19　温室承力骨架的结构

　　为了规范管理、提高温室的性能，笔者建议结合新的规划，以调整种植结构为宗旨，结合当地地理纬度和气候条件，统一设计温室建筑规格和结构形式。在建筑设计中，应突出温室生产作业的机械化和环境控制的自动化、智能化，建设用地应符合国家相关规定；在结构设计中，应合理确定当地的风雪荷载和种植作物的吊挂荷载，并依据环境控制设备和作业机具充分考虑设备荷载，结合当地的材料供应情况，以合理控制温室造价为目标，通过精准的结构强度分析和校核，优化设计温室的结构用材；在保温设计中，可在保留当前活动式保温墙面和保温屋面的基础上，选择保温性能好、防水又防火的保温材料，如果由于经济性能要求保温材料不能达到防火要求，设计中应采用在保温层外附加防火隔离的做法，以便能阻止或延缓保温材料的自燃或助燃，提高温室的防火能力。

（3）集中处理灾后塑料薄膜灰烬　本次火灾使覆盖温室的塑料薄膜和保温被几乎全部被烧毁。由于保温被中夹设了太空棉和发泡聚乙烯等高分子有机材料，和高分子聚合物的塑料薄膜一样，在燃烧后形成结块的有机灰烬（图1-20）。这些有机灰烬和高分子有机材料一样，在自然状态下很难短时间内被分解，如果将这些灰烬翻耕到土壤中可能还有毒性，影响作物的生长和种植产品的安全性。

图1-20　塑料薄膜燃烧后的灰烬

为此，笔者建议对保温被和塑料薄膜燃烧后的灰烬应分别单独收集，并在有关部门的监督下进行集中堆放或处理，不能随意处置或翻耕到种植土壤中，避免今后温室种植中的土壤污染。

1.4　火灾带给我们的思考与经验

为了从灾难中总结经验，避免在今后的生产和管理中发生类似的事件，笔者认为应该在今后的日光温室园区或基地的设计和管理中重点管控以下几点。

1.4.1　温室生产现场应严格控制用火

日光温室生产区有大量的易燃物，覆盖温室采光面的塑料薄膜、夜间保温用的保温被都是安装在温室建筑上的易燃材料；有些温室管理者夏季将保温被从温室屋面卸下来不加覆盖地码垛集中堆放在室外门斗旁（图1-21），也是火灾的隐患；温室周边干枯的野草、作物秸秆，以及温

图1-21　集中码垛堆放在温室旁的草苫

室附加保温的草苫等（图1-22），都是易燃材料。这些材料在大部分的日光温室生产区还是不可替代的材料。由于这些易燃材料的存在，在温室生产区内应禁止烟火，即使在离开温室生产区一定距离的地方进行如电焊等可能引起火花的作业，也应避免在大风天气条件下进行，尤其不能在温室生产区的上风向作业，或者一定要进行作业时应在作业现场做好围挡防护，同时在焊接作业区周边必须配备灭火器等消防设备。除了现场焊接作业外，还有可能引起火花的活动如放孔明灯、抽烟等也应严格限制，抽烟的烟头必须掐灭。对温室采暖的火源也应进行严格的管理，尤其是对明火的火源应有专人看管。对温室内外的供配电设备和电线应进行定期安全检查，发现设备漏电或电线破损等情况应立即进行修复或更换，温室设计中应禁止在温室内使用闸刀电闸或裸露的金属动力/照明电线，室内所有电源插座应防水。以上各种措施在温室生产区应该像发放卷帘机安全使用规程一样粘贴在温室生产者能够经常看到的地方，以随时提醒和警示温室的生产者或来访的客户。

a.温室南部排水沟杂草　　b.温室之间铺满草苫和秸秆　　c.温室覆盖草苫和秸秆保温

图1-22　温室生产区内的火灾隐患

1.4.2　温室保温材料应做防火防护

目前日光温室结构正在向着轻简化方向发展，后墙、山墙以及后屋面采用柔性保温被材料做围护的技术已经开始大量推广，但这些柔性的围护保温材料大多不防火。对于传统的被动式储放热结构日光温室后墙，目前和未来的做法也倾向于内层承重、外层保温的双层结构构造，其中外层保温材料大多用硬质的彩钢板或柔性的保温被，如果彩钢板中的聚苯保温材料中不加防火阻燃剂，这种材料也是一种易燃材料。彩钢板房着火的事件或许大家还没有忘记，为此国家也明文规定了在民用建筑中禁止使用不阻燃的彩钢板，但在温室建筑中，考虑到建设成本的问题还在大量使用这种不阻燃的彩钢板材。

对于这些易燃的墙体保温材料，在温室设计和管理中应进行表面阻燃保护，如喷涂防火层、粉刷水泥浆等。当然，在设计选材中直接选用阻燃的保温被或彩钢板、挤塑板等，防火的问题将会在源头得到控制。对于夏季集中码垛堆放的草苫、保温被等，应在其表面覆盖防火被，或安放在临时搭建的防火设施内。

1.4.3　及时清除排水沟中杂草和露地种植作物秸秆

本次火灾中排水沟中干枯杂草和露地种植的作物根茬成为火势蔓延的接力棒。因此，在今后温室生产基地的日常管理中，应及时清除生长在场区内排水沟中的杂草，一是保证场区排水的畅通；二是可减少或避免由于杂草产生或传播的病虫害波及温室内作物；三是避免冬季干枯后成为火灾的隐患。对种植在南北两栋日光温室之间空地的作物，在收获后应及时清理作物秸秆，或对土地进行翻耕，清除作物残茬，避免火灾隐患。

1.4.4　规划设计应分区留出消防隔离通道

对于规模化的园区或生产基地，在规划设计阶段就应该对园区或基地进行分区，每个分区的最长边长以500m为限。这种设计：一是可以减少物流的距离，节约生产管理成本；二是每个分区可以设置独立的供水水源、供电电源和排水系统，一方面可节约运行成本，另一方面可避免由于一个区域的水电供应故障而影响其他区域的水电供应，可将生产运行的故障影响面降低到最低限度；三是生产管理可进行独立承包或运营，不同的区域可以种植不同的作物品种或采用不同的管理模式或由不同的单位或企业承包运行，并根据种植结构建设独立的生产资料和产品包装、储存等辅助生产设施，便于生产管理；四是分区之间留出足够宽度的防火隔离通道，也可避免火灾发生。

2 北京"6·22"暴雨引发日光温室倒塌的成因分析

2017年6月21日一场暴雨如约来到了北京，从21日中午一直持续到24日凌晨，降雨持续时间66h，全市累计平均降雨量达到92mm，达到暴雨级别，其中怀柔的降雨量最大，达到199.7mm。雨后，北京市气象台将本次暴雨过程命名为"6·22"暴雨。

暴雨不仅给人们的生活和出行造成了困难，也给北京市的设施农业带来了不小的损失。就在22日16：00—17：00，位于北京市海淀区某园区内一栋日光温室的前后屋面在噼噼啪啪声中轰然倒塌。笔者于6月24日赴园区对温室倒塌的现场进行了勘察，以下就温室倒塌的原因进行剖析。

2.1 温室基本情况

温室建造于2005年，跨度7.5m，脊高3.5m，后屋面投影宽度（室内投影）0.84m，后墙高（室内）2.5m，后墙檐高（室外）3.0m，温室长度50m。温室内外景及结构见图2-1。

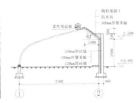

a.温室外景　　　　　　b.温室内景　　　　c.温室结构（单位：mm）

图2-1　倒塌温室基本情况

温室后墙采用双层黏土红机砖砖墙内夹100mm厚聚苯板的做法，

其中内侧墙体厚120mm，外侧墙体厚240mm，两堵墙体间隔3m用砖垛拉结。为加强温室保温，园区内一些温室还在后墙外侧粘贴了200mm厚发泡水泥保温层。

温室后屋面做法由内到外依次为：油毡+100mm厚聚苯板+陶粒层+20mm厚水泥砂浆找平抹面层+油毡防水，其中陶粒层既是温室后屋面的保温层也是温室后屋面三角区的填充层，厚度从0～400mm不等，从温室后墙室内高度到室外屋檐与温室后屋面形成的三角形区域全部用陶粒填充，填充部位的屋面为平屋面，与温室后墙檐口齐平。

温室屋面骨架采用装配式镀锌钢管结构，按照单管、双管间隔布置的方式设置，骨架两端分别焊接到温室后墙和前墙基础的圈梁上，前屋面骨架通过3道纵向系杆连接为整体，双管骨架上下弦杆之间的连接采用专用平面连接卡连接，骨架（包括单管骨架和双管骨架）与纵向系杆之间的连接全部采用专用立体卡具连接，结构现场组装。

温室除了配置标配的屋脊通风口和室外保温被及卷帘机外，还配套了室外遮阳网和室内人工补光系统。该温室建造当时在北京市可以算得上是建造规格高、设备配置全、温室性能很好的温室了。

2.2　温室倒塌现场情况

雨后温室屋面（包括前屋面和后屋面）出现整体倒塌（图2-2和图2-3），但山墙和后墙保持完好，说明温室的墙体结构是牢固的，屋面整体坍塌是由于温室骨架的失效而引起的。

从温室前屋面的倒塌情况看，温室骨架发生了局部断裂（图2-2c），并由局部承力失效引起骨架整体折断，进而波及温室后屋面坍塌，最终造成温室屋面整体倒塌。

从温室后屋面的倒塌情况看，大部分区域发生断崖式坍塌，完全脱离温室后墙（图2-3a），只有在靠近温室门斗位置的局部区域屋面没有完全脱离后墙，但也都出现完全断裂（图2-3c）。这是因为温室后屋面构造层除了最外部的油毡防水层与温室后墙有连接之外，其他部位与温室后墙基本没有连接。从后屋面完全倒塌的区域看，温室骨架在后墙处的连接没有发生断裂，说明这个局部节点并没有达到强度破坏的程度，只是前屋面和后屋面倒塌使之发生了折弯（图2-3b）。

a.温室整体倒塌外景 b.温室整体倒塌内景 c.骨架局部断裂

图2-2 温室倒塌现场情况

a.大部分屋面发生断崖式坍塌 b.屋面坍塌后骨架在后墙的 c.局部屋面断裂情况
连接仍牢固

图2-3 温室后屋面坍塌情况

从现场倒塌情况看，温室的前屋面和后屋面已经完全失效，同时也失去了修复的价值，但温室的山墙和后墙基本完好。温室可以在保留墙体的基础上更新温室骨架，重新设计和建造后屋面来恢复温室的使用功能。

2.3 温室倒塌原因分析

分析温室倒塌的成因不外乎从结构破坏发生时的破坏荷载和结构承力薄弱点两个方面入手，其中包括现场能看到的显性直观现象，以及现场看不到的隐性问题。以下从显性和隐性两个方面进行温室倒塌成因分析。

2.3.1 温室前屋面骨架连接点断裂是事故的直观成因

从温室倒塌的直观成因看，是桁架的上弦杆发生了局部断裂（图2-2c），这个断裂点正好是在两根钢管的连接处。受单根钢管定尺长度的限制（一般定尺为6m），温室屋面桁架中的弦杆，不论上弦杆还是下弦杆，一根定尺钢管都无法满足桁架总长的要求，所以，桁架弦杆必须采用两根钢管连接的方法来完成。对于组装式钢管结构，两根钢管之间的连接不采用焊接的方式（一是避免破坏镀锌层，二是由于钢管壁厚较薄，对接焊接容易烫伤钢管，难以达到焊接质量要求），而是采用两根钢管对接后内插或外套套管的方式连接。内插套管由于套管的直径较受力主管的小，而且套管与主管以及连接的两根主管之间可能还存在间隙，进一步减小了节点处骨架的截面尺寸，使该连接点最终成为承力的薄弱点。从实际破坏的情况看（图2-2c），桁架上弦杆采用内插管的连接方式（主要是考虑屋面覆盖塑料薄膜时，在骨架处不出现局部凸起，影响塑料薄膜的安装和使用寿命），破坏正好发生在这一点，内插管完全断裂，而下弦杆采用外套管的连接方式，连接点处没有发生任何破坏，下弦杆的破坏点则转移到了主管，说明外套管的连接强度要高于主管。今后的工程设计中应慎重使用内套管的做法，在可能的情况下应优先选择外接套管的连接方式。随着现代技术的发展，钢管之间的连接大都采用缩颈连接的方式，两根连接管采用紧配合的连接方式，不仅减少了连接构件，而且连接的强度也大大提高，施工安装速度也同步提高。这种连接技术应该是今后套管连接的替代技术。此外，对温室骨架采用定尺加工，可完全消除杆件连接点，是彻底消除这种隐患的根本方法。

　　事实上，该温室倒塌早有预兆，2年之前，桁架上下弦杆连接节点处就已经出现了变形（图2-4）。如果当时发现后及早支撑立柱，加强或更换桁架，这场事故则可能避免。

a.整体　　　　　　　　　　　　b.局部

图2-4　温室骨架早已出现变形

从现场温室倒塌的情况看，温室骨架在后墙和基础处的连接还是可靠的。但从同类温室的使用情况看，这两个节点也同样存在很大的安全隐患。钢管根部与钢筋混凝土接触或连接部位镀锌层受到严重腐蚀，钢管锈蚀严重（图2-5）。由于桁架用钢管多为薄壁管，这种锈蚀可能直接造成骨架在墙体或基础连接部位的断裂。建议及早采取预防措施，或采用立柱支撑骨架，或附加连接件，消除锈蚀可能造成的安全隐患。

a.与后墙的连接点　　　　　　　　b.与基础的连接点

图2-5　骨架在墙体和基础连接点的锈蚀

2.3.2　温室后屋面渗水是温室倒塌的潜在诱因

倒塌温室采用倾斜保温板加松散陶粒填充后屋面三角区的做法。从提高温室后屋面的保温性能方面看，这种做法肯定具有良好的保温性能。但从倒塌温室的实际运行效果看，由于没有定期对屋面防水油毡进行维修，水分从油毡裂隙渗入，致使松散陶粒保温材料吸水后自重加重，随着使用时间的增加，在自重作用下出现局部沉降，使原来的平屋面出现局部凹陷，这种局部凹陷一方面影响屋面排水，使降雨后的屋面处于长期雨水浸泡中（图2-6a），增加温室屋面荷载；另一方面屋面变形可能会拉断防水油毡，造成油毡防水失效，使屋面积水进一步渗透到屋面保温层中，不仅加大温室屋面荷载，而且也使温室后屋面的保温能力严重下降。实际运行中也发现，由于后屋面内侧保温板不是插入温室墙体，而是直接对接到温室墙面，由于保温板与后墙的密封不严，从保温板边沿的水汽渗透已经造成了内部松散保温材料吸湿。吸湿后的松散保温材料由于重量增大，由此而产生的附加荷载会给温室骨架增加很大的荷载。由于进入温室屋面松散材料的湿气在屋面双侧防水层的保护下很难从内部蒸发，所以这种荷载将是长期的，这种荷载或许对温室结构的倒塌形成了隐形内力。

从日光温室后屋面发展的潮流看，用陶粒等松散材料填充后屋面三角区的做法越来越少，取而代之的是采用坡屋面（图2-6b），将单层聚苯板保温材料直接从温室后墙的屋檐高度倾斜安装到温室屋脊。这种做法不仅取消了温室后屋面三角区的填充材料，节省了造价，也减轻了温室骨架的荷载，而且完全消除了平屋顶的积水问题。需要指出的是，这种做法在具体设计和施工中应在后墙檐口做挑檐，并在挑檐檐口下做滴水槽，以避免屋面排水淋湿温室后墙。挑檐的做法可以是钢筋混凝土板，也可以是砖挑檐，视具体条件确定。

a.平屋面温室上的积水　　　　　　b.坡屋面温室

图2-6　温室后屋面形式与积水

2.3.3　温室保温被挡水是温室倒塌的直接诱因

从温室前屋面破坏的位置看，一是在桁架上下弦杆连接的节点位置（图2-2c）；二是在屋面保温被所在的位置（图2-2a和图2-3a）。在桁架弦杆连接点破坏的原因前面已经进行了分析。温室骨架在保温被所在的位置断裂看似是一种巧合，其实是一种必然。为提高保温被的保温性能，避免水汽渗透进入保温芯影响保温被的保温性能，所有的保温被都做了防水面层（尽管目前大量使用的针刺毡保温被的表面防水层的防水质量较差），倒塌温室更是采用了一种电缆皮防水面层，几乎完全杜绝了雨水向保温芯的渗漏。大多数日光温室保温被夏季都不拆卸，而是卷起放置在温室屋脊位置。从倒塌温室保温被放置位置看（图2-2b），保温被刚好处于屋面第一道纵向系杆的位置（以屋脊位置为起点排序），这个位置正好是温室屋脊通风口的下沿位置（图2-4b）。将保温被放置在这个位置，或许是管理者为了避免下雨期间室外雨水通过屋脊通风口流落进温室，将保温被放置在屋脊通风口以下，可用保温被完全覆盖屋脊通风口，从而彻底避免雨水通过屋脊通风口进入温室。

但卷起的保温被同时又是一道"挡水坝"，从温室屋脊到保温被被卷中心覆盖区域的降雨被全部汇集在保温被卷与温室屋面形成的凹槽内，只有在形成一定水位后才能够通过保温被的两端排除。由于日光温室较长，当形成足够的排水水位时，在保温被卷的背部已经积聚了大量的雨水，这种推断可以从图2-7雨后保温被的积水情况得到印证。

a.保温被阻滞形成的积水　　　　　　b.保温被卷放过程中的水流

图2-7　保温被的阻水

由图2-7a可以看出，即使保温被下卷到接近温室前沿，在保温被被卷与温室屋面形成的凹槽中仍然积聚有一定水位的雨水。图2-7b是雨过天晴后展开保温被时保温被端部排水的情况。事实上，在保温被没有展开时，这些排水全部都积聚在保温被与温室屋面形成的凹槽中。雨后卷放保温被还有这么多积水，在暴雨期间，相信这儿的积水只会更多。恰恰这个积水荷载又作用在了温室骨架钢管连接最薄弱的部位，由此可以推断，超限荷载作用在了温室结构最薄弱的位置，两者的结合应该是造成这次温室倒塌事件的主要原因。

由于这种原因造成温室倒塌的事件不止本案例。笔者在北京、山东等地的园区中也见到过类似原因造成温室倒塌的案例。事实上，除了下雨期间由于温室屋面积水造成温室倒塌外，日常的温室管理中由于塑料薄膜松弛产生屋面"水兜"（图2-8a）也会给温室结构的安全带来很大隐患。好在这一问题已经得到了温室建设和生产者的高度重视，在温室屋面，尤其是通风口位置，通过敷设支撑网（图2-8b）或加密支撑杆（图2-8c）来防止"水兜"的产生。

a.屋面"水兜"　　　　　　b.敷设支撑网　　　　　　c.加密支撑杆

图2-8　温室屋面"水兜"及其预防措施

2.4　本次倒塌事故带来的警示

一次事故的发生可能是偶然的，但总结造成事故的成因却可以避免更多事故的发生。本次温室倒塌事件也给了我们一些重要的启示：①下雨期间日光温室保温被应尽量放置在靠近温室屋脊的位置，以最大限度减少温室屋脊至保温被之间区域的汇水面积，或者将保温被展开到温室前屋面底部，使之完全覆盖温室屋面，消除保温被对屋面雨水的阻拦，或者到了夏季将温室保温被拆除后放置在门斗或脱离温室的安全地方；②在温室设计荷载中应充分考虑降雨可能产生的附加荷载，尤其要考虑日光温室保温被的阻水作用形成的积雨荷载，该荷载应与暴雨强度、卷帘机单侧保温被长度（排水距离）、保温被阻水的汇水面积（保温被的放置位置）、保温被自身的透水能力（透水保温被可排出一定量的积水，但会直接影响保温被的保温性能）、保温被的厚度（影响被卷的直径）等因素有关；③钢管对接时应慎重采用内插套管的连接方式，尤其要避免内插套管与主管之间出现很大间隙或者两根对接主管之间对接不严的情况，尽量用缩颈的紧配合插管连接方式或用整根管代替套管连接方式；④在温室的日常管理中要对发现的安全隐患及时处理，避免小毛病演化为大问题，甚至导致完全无可挽回的灾难。

3 山东寿光"8·20"水灾造成日光温室灾情及救灾措施

2018年8月19—21日,接连的台风暴雨和上游水库的泄洪,给位于弥河下游的山东寿光造成了严重的洪涝灾害,也给当地的设施农业造成了重大创伤。本文是灾后作者在两次调研的基础上形成的,其中灾后重建的一些技术措施适用于全国存量老旧温室的改造和提升,也适用于日光温室的日常维护。

3.1 灾情

3.1.1 水灾形成过程

2018年第18号台风"温比亚"(热带风暴级)于8月15日14:00在距离浙江省象山县东偏南方向约475km的洋面上生成,于16日夜间至17日凌晨从浙江台州到上海一带沿海登陆,登陆之后,一路向北,8月18日夜间进入山东中部,弥河全流域普降大到特大暴雨,青州国家气象站24h雨量达263.1mm,为2000年以来最高,也是有气象记录以来历史第二高;临朐、寿光雨量超过100mm,为大暴雨,虽未达到历史极值水平,但大暴雨面积广阔,几乎全部覆盖。粗略推算,"温比亚"在青州、临朐一天之内降水超过7亿m³。

大面积的集中暴雨,再加上上游水库的泄洪(图3-1),使处于寿光境内的下游弥河、丹河沿线发生

图3-1　水库洪峰时序

决堤、溢坝，造成寿光市全市性的洪涝灾害，给当地的农业生产和人民生活带来了一场严重的灾难。在全市人民的奋力抗击下，到8月20日晚，弥河、丹河沿线决堤，溢坝陆续被封堵，8月21日15时弥河寿光古城段水位明显下降，8月21日18时15分，冶源水库、嵩山水库、黑虎山水库全部关闭溢洪闸，停止泄洪，险情得到基本控制。

3.1.2 水灾造成寿光设施农业的灾情

据统计，寿光全市共有温室大棚17.2万栋，其中日光温室14.7万栋、大中拱棚2.5万栋，主要集中在寿光市的南部区域（图3-2a）。此次洪涝灾害共造成10.6万个棚室不同程度受灾，受灾率达到61.6%。其中，受灾较轻、棚内作物能继续生长的棚室3.58万个，占受灾棚室的33.8%；需重新定植的棚室2.02万个，占受灾棚室的19.1%；设施中轻度损坏，需加固修复的棚室3.23万个，占受灾棚室的30.5%；设施严重损坏或倒塌，需重新修建的棚室1.84万个，占受灾棚室的17.4%。

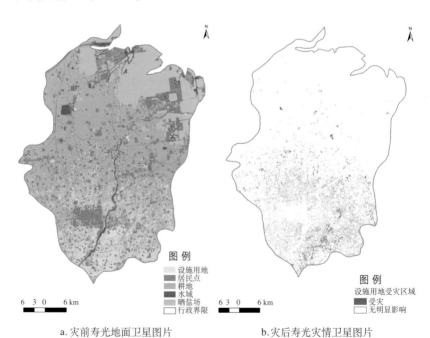

a. 灾前寿光地面卫星图片　　　　　b. 灾后寿光灾情卫星图片

图3-2　水灾前后寿光市地面卫星照片

从受灾的区域看，全市设施农业区基本都有波及，但其中受灾最严重的地区主要集中在弥河、丹河和桂河的两岸（图3-2b），由于河水溢流使两岸地面水流倒灌进入温室（图3-3a、b），并难以及时排除致使温室内水位上涨（图3-3c）且长时间滞留，最终造成温室墙体倒塌，连带引起温室屋面垮塌、立柱断裂和温室整体结构变形等（图3-4）。

a.客水退去后室外的水深　　b.灾后20d尚未退去的客水　　c.进入室内的水深

图3-3　客水侵入温室情况

a.后墙倒塌（室外）　　b.后墙倒塌（室内）　　c.后墙连带屋面倒塌

d.山墙及门斗倒塌　　e.室内立柱断裂　　f.温室整体变形

图3-4　客水导致温室破坏情况

一些低洼地带，虽然室外客水没有直接进入温室，但地下水位升高致使温室内成为一片汪洋（图3-5）。这主要是下挖温室地面造成的，如果能够及时排除室内积水，温室结构基本不受太大影响。

温室进水后，除了造成温室内种植作物受涝、温室结构局部和

图3-5 地下水升高进入温室情况

图3-6 大水后温室地面情况

整体坍塌破坏等不能继续生产外，对温室土壤的影响也非常严重，有的温室内出现了土壤板结以及绿藻、红藻等富营养化现象（图3-6），还有的温室内由于客水携带淤泥进入温室，严重破坏了温室土壤的团粒结构，给温室的土壤改造带来了很大的困难。

3.2 寿光日光温室特点

寿光1989年从辽宁开始引进日光温室以来，已经发展形成了一套独特的下挖式机打土墙"琴弦"结构温室，并面向全国推广，为北方地区日光温室的发展做出了杰出的贡献。

机打土墙结构温室建设速度快，建设成本低，墙体材料就地取材，一般后墙和山墙的基底宽度6～10m、墙顶宽度2～3m、后墙高度3～5.5m。正是由于厚重的温室土墙结构造就了这种温室无与伦比的保温蓄热性能，因此深受广大农户的欢迎，也成为国内外温室行业科研工作者的重点研究热点。

温室标准跨度一般为10m，目前最大的跨度已经达到20m。温室屋面支撑体系采用"琴弦"结构，用沿温室长度方向的钢丝和沿温室跨度方向的竹竿（有的温室也用钢管或钢管－钢筋桁架）形成双向屋面承力体系，室内设多排立柱（6～7排）将屋面荷载传递到温室地基。应该说这是一种标准的三维承力体系（图3-7）。

图3-7 标准的机打土墙结构日光温室

短后屋面也是这种温室的特点之一。一般后屋面的宽度在1m以内，多为0.5～0.8m。短后屋面可能降低了温室的保温性能，但基本不影响温室的采光，因此温室内的光热性能更好。短后屋面也大大减轻了温室的屋面荷载，使温室立柱的承载力要求大大降低。

正是由于温室的土墙结构，就地取土建设墙体，造成了温室种植地面为下挖式半地下形式，这种建筑形式更有利于温室的保温，但取土建墙直接破坏了地表有机土层，也给温室及其场区的排水埋下了重大隐患。地面下挖和土墙结构也正是防水上的软肋，这次寿光水灾再次印证了这种观点。夏季降雨量大的地区或易受洪水侵袭的地区，在选择建设日光温室结构时，应慎重选择使用这种形式。

3.3　日光温室破坏形式分析

水灾造成寿光日光温室破坏的形式有局部破坏和整体破坏两种情况，主要表现在墙体破坏、后屋面破坏并连带造成温室内立柱断裂和温室屋面结构坍塌。

3.3.1　温室墙体破坏情况

寿光温室的墙体大都是机打土墙，受水浸泡后，土粒结构膨胀变松，在上部荷载的作用下，将很容易发生局部或整体坍塌，这是土墙结构浸水坍塌的根本原因。

水灾造成寿光日光温室墙体整体或局部坍塌的主要成因可分为三类：①天然降雨从温室后屋面渗漏，使温室后墙顶部浸水，造成局部坍塌；②室内地下水位升高，使温室墙基受水浸泡，造成温室墙基局部坍塌；③室外客水涌入温室，不能及时排除，使温室墙体长期高水位受水浸泡，造成温室墙体局部或整体倒塌。事实上，第二类情况下如果室内积水不能及时排除，也可能发展成为第三类型的破坏；在第三类情况下，加强排水使室内水位低于室外水面时，也会演变为第二种类型。

从墙体破坏的形式看，由于机打土墙墙体厚重，而且外墙面都覆盖有防水膜或者是无纺布，基本达到了疏导雨水的作用，真正渗入温室墙体的雨水并不多，或者说即使有雨水渗入也不致达到引起温室墙体局部或整体坍塌的程度，灾区温室虽然出现大量整体倒塌，却几乎看不到温室后墙外表面倒塌的现象（图3-8），温室墙体倒塌全部都是内侧坍塌，说明这种墙体外表面防护是非常有效的。

图3-8　有外墙面防护的墙体

从墙体内表面的破坏情况看，只要不是客水高水位长期浸泡，墙体的破坏大都是局部的。客水引起温室墙体破坏可分为两种情况：①造成温室墙体中下部土体坍塌，说明温室墙体在建造时中部的密实度不够或者是客水涌入温室后有冲击波浪不断冲刷墙体；②造成温室墙体从底部到顶部的整体滑坡式坍塌，并连带冲击室内立柱，造成温室立柱不同程度的位移、折断、完全破坏（图3-9）。

a.山墙中部坍塌　　　　　b.后墙整体倒塌　　　　c.后墙连带后屋面整体倒塌

图3-9　客水造成墙体破坏的情况

考察中也发现有的温室墙体存在局部开裂，形成上下通缝的情况（图3-10）。这种墙体通缝应该是土体干裂的结果，不应归因于这次水灾。由于筑墙的土壤黏度大，筑墙时为便于黏合，在土壤中添加了适当的水分，待墙体干燥后自然会由于土壤的收缩形成裂纹，一般这些裂纹只表现在墙体表面，只要在墙体上不形成贯穿墙体的通缝，对结构的安全就不会形成影响，日常维护中可用原土拌和成泥浆将表面裂纹勾缝，即可增强墙体的保温，又能增加墙体的美观。

图3-10　墙体表面的裂纹

3.3.2 立柱破坏情况

标准的寿光土墙结构日光温室共有6排立柱，靠近后墙的立柱为第一排，向南依次排列直到最前面的屋面立面墙立柱（有的温室最前面不用立柱，直接用竹竿做前屋面的立面）。第一排立柱一般设置在温室墙基根部，第二排立柱有的布置在走道的边沿，有的远离走道布置（图3-11）。

a.布置在走道边沿　　　　　　　　b.远离走道布置

图3-11　寿光日光温室第二排立柱的布置位置

从立柱破坏的情况看，主要有两种破坏形式：①由于墙体坍塌或滑坡，坍塌的土体在位移过程中碰撞立柱，使立柱受到侧向冲击力后发生不可恢复的断裂（图3-12），这种破坏形式主要发生在第一排和第二排立柱，最远的局部波及第三排立柱，第四排之后立柱基本保持完好。从图3-12c看，第三排立柱中只有一根立柱发生断裂，而且墙体的滑坡土体也远远没有波及立柱，所以实际上第三排立柱的破坏并不是因为墙体的倒塌而引起，或许是屋面钢管变形造成柱顶侧压力所致，或者是早在温室墙体倒塌之前已经发生。②由于屋面垮塌，造成立柱破坏，这类破坏主要影响第一排立柱，其破坏的

a.仅第一排立柱断裂　　　b.第一、二排立柱断裂　　　c.第三排立柱断裂

图3-12　由于墙体坍塌或滑坡引起立柱断裂的情况

形式主要表现为立柱与柱顶梁的错位或移位（图3-13）。

a.正常的立柱与柱顶　　b.立柱与柱顶梁平面　　c.立柱与柱顶梁平面　　d.立柱位移并断裂
　梁位置　　　　　　　　内错位　　　　　　　　外错位

图3-13　由于屋面倒塌引起立柱的移位或断裂

　　常见的立柱破坏都是后墙局部坍塌或整体滑坡造成的。从立柱的破坏形式看，主要表现为截面脆断。在侧向冲击力较大时，内部配筋也完全断裂；在冲击力较小时，内部配筋发生折弯（图3-14）。一方面说明墙体坍塌带来的冲击力非常大，另一方面也说明立柱的截面和配筋不够，尤其是在温室靠近后墙的第一排立柱和第二排立柱，立柱的柱高较高，截面较小，必然导致立柱的长细比过大，在外界横向荷载的冲击下很容易造成截面脆断。这也警示我们在类似寿光温室立柱设计中不能所有立柱不论长短都采用同一截面和配筋的设计方法，而应该根据立柱所处位置的承力要求和柱长等条件按照钢筋混凝土设计规范科学合理地设计立柱的截面尺寸和内部配筋。从立柱破坏的截面看，柱内配筋基本是钢丝，配筋截面太小、数量也不足，而且只有纵向钢筋没有横向箍筋，这也是不合理的配筋方式。

  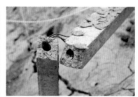

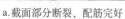

a.截面部分断裂、配筋完好　　b.截面完全断裂、配筋完好　　c.截面和配筋均完全断裂

图3-14　立柱的截面断裂破坏情况

　　从立柱的破坏情况看，地面受水浸泡都没有引起立柱超负荷，说明在降雨期间屋面荷载不大；地面受地下水或客水浸泡后也没有发生局部沉降或变形，立柱的基础基本是稳固的。

3.4 温室修复与重建

对于局部坍塌的温室，经过评估，若温室的主体结构还能继续使用，则通过局部维修和加强，温室很快即可投入生产，而对于墙体整体坍塌的温室则需要重新砌筑墙体。从节省费用的角度看，应在尽可能保留立柱和局部屋面结构的基础上进行维修或全部拆除后重新修建。但从提高温室性能的角度看，应借此机会重新设计或引进性能先进的温室形式，在重建温室的过程中将寿光的日光温室建设再提升一个新的台阶。

本文就考察过程中看到的一些局部加固和维修的措施做一介绍，其中的一些措施可能是有效的，但有些措施确实也仅仅是过渡性的，有些措施或许还需要进行科学论证，并通过实践检验其可靠性。

3.4.1 屋面局部加固与修复方法

对局部坍塌的温室后屋面，为了尽快恢复生产，寿光农民采用了一种保留坍塌后屋面、重新架设新屋面的一种改造方法（图3-15a）。这种方法无需拆除倒塌的原有后屋面，而是以倒塌后屋面为基础，在其上安装立柱，重新搭建温室后屋面。温室后屋面结构采用钢管替代传统的竹竿做椽条，一端搭置在温室的后墙，另一端搭置屋脊横梁上，并用短立柱支撑屋脊横梁，形成新的温室后屋面。这种做法钢管来源丰富，加工成形方便，构件可长可短，非常适合局部维修，但这种做法局部的加强处和周围未维修更换处屋面结构的强度差异很大，结构使用寿命的同步性存在很大差异，从局部维修的角度看没有什么问题，但从温室整体结构看，昂贵的造价并没有带来温室屋面整体性能的提高。

这种改造方法的前提是倒塌后屋面及墙体不再发生变形，能够为更新后屋面提供稳定的支撑基础。如果墙体或倒塌的后屋面结构不稳，将会给局部新建的温室后屋面带来非常大的安全隐患。

用同样的钢管材料替代传统的竹竿，也可以用来加固温室的前屋面（图3-15b）。因为温室的外保温被卷起时基本放置在温室前屋面的后部，这种加固方法能够大大提高温室前屋面后部的承载能力，是一种值得推广的维修改造措施。

a.后屋面局部修复方法　　　　　b.前屋面局部加固方法

图3-15　屋面局部修复与加固方法

3.4.2　立柱加固与更新

立柱加固和更新的方法也有两种（图3-16）：①在原有钢筋混凝土立柱上靠贴一根钢筋混凝土短柱，使局部受损的钢筋混凝土立柱得到加强，这种做法要求将两根立柱用钢丝扣紧，使之真正成为一体化的承力立柱，但从结构承力的角度分析，由于原立柱中部受伤，柱顶力通过加强柱传递到原柱或加强柱基础，存在二次传力的过程，而这种传力主要是通过二者之间的摩擦力传递，对两根柱的连接要求比较高，往往是连接两根柱的扣丝断裂使传力失效，因此，笔者的建议是在可能的情况下尽量采用全柱更换的方式，不用旁柱加强的方法更好。②用钢管柱替代钢筋混凝土柱，这种做法立柱的强度更强，立柱占用空间也小，对温室内种植的遮光和室内作业的影响更小，而且钢管材料来源丰富，加工安装都非常方便。但需要注意的是钢管应进行内外表面防腐处理，否则在温室内高温高湿的环境中钢管很快将会锈蚀，影响结构的整体使用寿命。

a.靠贴钢筋混凝土短柱　　　　b.用钢管立柱更换钢筋混凝土立柱

图3-16　立柱加固与更新方法

3.4.3 墙体加固与修补

对墙体的局部加固，民间的做法很多，大都是就地取材，采用简便易操作的方法，如原土夯实、草泥修补、沙袋修补、砖石修补、木板修补等（图3-17）。寿光市农业局组织专家总结出了一套墙体修补的方法，供广大的农户在温室维修时根据自身的特点选择使用。需要指出的是这些局部维修应该是在温室墙体整体稳定的条件下才具备可行性，如果温室墙体整体存在安全隐患，局部的维修将不能解决整体的稳定，最终局部维修也只能是劳民伤财。

a.原土夯实　　　　　　b.草泥抹面　　　　　　c.沙（土）袋围护

d.红机砖围护　　　　　e.空心砖围护　　　　　f.木板围护

图3-17　墙体的局部维修方法

3.4.4 重建

对于墙体大面积垮塌、后屋面倒塌的温室，依靠局部维修已经难以恢复温室原貌时，则应采用重建的方法。目前在应急状态下，农户的重建方案还是沿用传统的寿光机打土墙结构温室（图3-18）。据介绍，寿光蔬菜产业集团和中国农业发展集团有限公司也在积极征地，

图3-18　温室重建

计划分别建设万亩温室园，以保证寿光设施蔬菜的生产。在企业化的新建温室中，建议引进新技术和新的温室形式，用企业的力量带动当地日光温室技术的升级换代。期待寿光人民在灾后重建的过程中能更多地发挥主观能动性，创造出更适合寿光乃至全国推广的高性能日光温室。

3.5 灾害带给我们的启示

3.5.1 要重视合理选择温室建设场地

（1）温室建设要远离河道，尤其要远离排水沟渠。在地势较高的地区，温室建设场地一般应离开河道500m以上；对于地势较低的地区，温室建设场地应离开河道1 000m以上，严禁在河道内或者泄洪渠内建设温室设施。

（2）温室建设要避开低洼积水地段，避免降雨天在温室场区形成积水。

（3）温室建设要选择地下水位较低的地区。如果地下水位常年较高，则应选择沙性大、透水性强的土质地区建设，避免在黏质土地区建设温室。

（4）在地下水位较高的地区建设日光温室，应尽量避免采用下挖式半地下形式。

3.5.2 要重视温室场区排水设计

温室建设要配套建设好温室及其周围的排水系统。①要在温室的外墙周围做好散水或墙面防水，避免雨水或周围积水浸入温室墙体基础，保障温室墙体的安全。一般直立墙体的散水宽度应达到600～1 000mm，像寿光这种机打土墙，由于墙体厚度大，外墙面坡度大，只要做好外墙面的防水，基本可以避免墙体坍塌。②在地下水位比较高的地区，应该在温室外开挖导流沟（图3-19），沟底深度标高比温室室内地面标高低500mm以上，在地下水位升高时，集中排除导流

图3-19 室外排水导流沟

沟内的积水即可避免温室内地下水位的上升。③在温室建设区做好排水沟的整体布局，在应急状态下，从温室中或从温室边的导流沟中排除的积水能及时通过场区外的排水沟排除。④从大区域考虑做好整个区域的排水设计，保证区域排水顺畅，避免积水倒流进入温室场区。

3.5.3 要重视温室日常维护

做好日光温室的日常维护对防灾减灾非常重要。本次水灾后的调研中发现有的温室生产者对温室的墙体（包括后墙和山墙）从内到外均作了防护（图3-20），水灾后温室结构没有受到任何损坏。这种防护方法简单，防护成本也较低，尤其适用于土墙结构的日光温室。这种做法在夏季雨量较大的其他地区建设和运行土墙结构日光温室时也非常值得借鉴和参考。

a.外墙面防护   b.后墙内墙面防护   c.山墙内墙面防护

图3-20 墙体防护措施

除了对墙体的防护外，寿光的温室生产者对夏季保温被的防护也做得非常到位（图3-21）。将保温被卷起放置在屋脊位置后，用塑料薄膜和无纺布等材料包裹，并用土袋或砖块将包裹材料的边缘压紧，避免大风将包裹材料吹开。这种防护方法不仅可保护保温被不被雨水淋浸，而且可保护保温被不会受夏季紫外线的长时间照射而降低使用寿命。对保温被的防护还能保证保温被在下雨条件下不会增加额外重量，从而也可有效避免对温室结构的附加荷载。夏季由于保温被防护不到位而造成下雨时压塌温室的案例已不是个案，所以寿光这种保温被防护的理念和措施非常值得在全国推广和应用。

调研中还发现一种非常实用的温室后墙内表面防护方法，就是在温室屋脊通风口的下方安装一幅塑料薄膜（图3-22），用以将屋脊

图 3-21　夏季对保温被的防护　　图 3-22　防止通风口滴水浸湿墙体的防
　　　　　　　　　　　　　　　　护措施

通风口滴落的雨水或结露水滴导流到温室走道内，从而避免水滴直接滴落温室墙面，使墙面得到有效保护。到了冬季，抬高导流塑料薄膜的檐口还可以导流室外冷风，避免从屋脊通风口进入温室的冷风直接吹袭作物冠层，从而有效避免作物冷害或受冻。

4 辽宁鞍山"3·4"暴风雪造成PC板温室倒塌的成因分析

2007年3月4日，一场有气象记录的56年以来最大的暴风雪袭击了辽宁鞍山，这场前所未有的狂风暴雪持续了20h。据鞍山市气象台的测定，这场暴风雪带来了78mm的降水，阵风瞬时风力达到了8级。在鞍山的平均积雪深度达到40cm左右，在一些窝风的地方，积雪甚至达到1.5m以上。有关气象专家介绍说，这不仅仅是鞍山有气象记录以来最大的暴风雪，同时也成为风雪的"辽宁之最"。

这场暴风雪除了给人们的交通出行造成了很大困难之外，也使鞍山的很多温室和大棚受到了不同程度的损坏。鞍山远洋公司一座5 000m²的PC板蝴蝶兰生产温室就是其中之一（图4-1）。该温室倒塌给生产者带来的直接经济损失（包括温室本身的价值和室内种植蝴蝶兰的价值）超过800万元，严重挫伤了温室种植者的生产能力。笔者在温室倒塌半年后，亲临现场目睹了惨景，深切地体会到温室生产者的沮丧心情以及对重新恢复生产的精神和经济压力。在与温室管理者交流，重现温室当时破坏情景并结合观察半年后的现场实

a.倒塌温室外景　　　　　　　　b.倒塌温室内景

图4-1　温室倒塌现场情况

况后，笔者发现尽管这是一次严重的不可抗力因素造成的温室破坏，但在设计和建造过程中的很多技术细节也应该引起我们的高度重视。为了总结教训，提高今后温室设计和建造的水平，笔者结合自己的设计经验，以该倒塌温室为分析对象，总结分析了一些温室设计中常被忽略却对温室安全至关重要的设计要点，供温室设计者、温室建造者以及对温室结构设计感兴趣的同仁们参考和借鉴。

4.1　温室概况

温室始建于2002年，跨度9.6m，开间4.0m，檐高4.0m，脊高5.24m。屋脊南北走向。温室分为两个单元，东西布局，中间用一个4.8m宽的连接走廊相接。温室每个单元4跨，15个开间。整栋温室东西长81.6m，南北宽60.5m，轴线总面积3 936.8m^2。为了减小温室冬季的散热量，紧靠温室的北部通长建设有一座6.0m高的2层办公和生产辅助用房建筑。

温室采用Venlo型结构，每跨桁架上两个小屋脊。考虑到东北地区冬季建筑耗能量较大，温室设计中屋面和围护墙体全部采用10mm厚双层PC中空板作温室透光覆盖材料。此外，温室还配置了室内双层保温幕，分别设置在温室桁架的上、下弦杆位置，上层为封闭结构的LS16缀铝膜遮阳保温幕，遮阳率65%，节能率62%；下层为高透光的LS10透光保温膜，遮阳率18%，节能率47%（厂家样本提供数据）。这种设计在严寒的冬季夜晚可以同时展开两层保温膜，实施双层保温幕保温；而到了白天可以收拢上层遮阳幕，保留下层保温幕继续展开。由于下层保温幕的透光率较高，一般要求在80%以上，可以基本保证不影响温室种植作物的采光，但由于该保温幕的存在使温室的加热空间减小，而且也阻止了室内大空间与室外冷空气的直接对流换热，可有效降低温室白天的散热量。再加上温室北侧的办公和辅助建筑，不仅减少了温室北侧墙体的散热，而且减少了冬季北风对温室北墙的直接吹袭，使温室的整体保温性能得到很大提升。可以说，该温室对保温节能的考虑达到了当时的最佳设计，对今后类似严寒地区设计温室仍具有很高的借鉴和参考价值。从采光的角度分析，由于种植作物为蝴蝶兰，对光照强度的要求不高，但对保湿要求较高，因此，室内两层透光保温幕的存在不仅没有影响温室作物的采光，而且还起到了保湿的作用。

4.2 实际降雪超过设计雪荷载是造成温室倒塌的直接原因

按照《建筑结构荷载规范》（GB 50009—2012），鞍山地区10年一遇的雪荷载设计值为0.30kN/m²，50年一遇为0.40kN/m²，100年一遇为0.45kN/m²。聚碳酸酯板结构温室的使用寿命一般应达到20年以上。按照建筑物使用寿命与设计荷载重现期的相关关系，该温室工程的设计荷载应取25～30年一遇重现期。按照30年重现期计算：

$$x_R = x_{10} + (x_{100} - x_{10})(\ln R/\ln 10 - 1)$$

式中，x_{10}、x_{100}、x_R分别为10年、100年和R年重现期的设计基本雪压。

当设计重现期R取30年时，其相应的雪荷载设计值为：

$$x_{30} = x_{10} + (x_{100} - x_{10})(\ln 30/\ln 10 - 1)$$
$$= 0.30 + (0.45 - 0.30)(\ln 30/\ln 10 - 1) = 0.37 \text{ kN/m}^2$$

根据当地气象部门对降雪量的测定结果，平均积雪深度实际达到40cm左右。按照《建筑结构荷载规范》，东北地区积雪密度为150kg/m³，40cm积雪深度折算为基本雪压是0.6kN/m²。该实际雪压远远超出了《建筑结构荷载规范》规定的30年一遇的设计基本雪压，甚至都超出了100年一遇设计基本雪压的1/3。所以，从事件本身讲，温室倒塌是属于不可抗力的自然灾害，工程设计和建设单位都有理由不承担任何事故责任。但我们可以从倒塌事故中分析问题，找出设计和建设中的薄弱环节，为今后温室工程的设计积累经验，提高温室承载风雪荷载的能力。

4.3 局部雪荷载超载是温室倒塌的元凶

从倒塌现场情况看，连接温室两个单元的连廊没有坍塌，温室的南部区域也没有坍塌，只有靠近北侧辅助建筑的约1/3面积屋面出现倒塌，并牵扯到温室中部区域的温室结构发生变形（图4-1a）。

分析倒塌的原因不难发现，连接温室两个单元的连廊没有倒塌是由于该连廊的跨度只有4.8m，结构的承载力较温室其他部位增大1

倍，按照上述计算，按30年重现期设计荷载考虑，这部分的设计承载力可以达到0.7 kN/m² 以上，所以结构没有倒塌是正常现象。

温室没有发生整体倒塌，说明温室结构设计的安全裕度较大，温室的整体强度能够支撑实际积雪压力，发生局部破坏肯定是局部荷载过人的缘故。

分析当时暴风雪的天气条件可以看出，风和雪的同时作用是造成温室局部坍塌的主要原因。该温室工程的北侧辅助建筑从节能的角度讲能够有效抵御北风的侵袭，减少温室北侧山墙的散热量，但由于该建筑高于温室建筑，在遇到风雪天气时，高出温室部分的辅助建筑墙体成为阻挡积雪被风吹走的障碍，并在该墙体和靠近墙体的温室屋面形成了避风带或窝风区，不论从辅助建筑屋面上吹向温室屋面的积雪，还是从温室屋面的南部吹向北部的积雪，由于辅助建筑与温室之间高差的存在，在上述避风带的位置将会沉积比温室屋面其他部位更多的积雪，这部分积雪称为漂移积雪，而且随着风的作用和积雪高度的不断增加，漂移积雪的密度将进一步增加，由此造成温室结构局部承载力超过设计标准也就不难想象。

事实上，在美国温室设计标准和我国的建筑结构荷载规范中对这种情况的荷载设计方法都有规定（图4-2）。其中，美国温室设计标准的规定按照三角形附加荷载取值，我国的荷载设计规范按照均布附加荷载取值。不论按照哪种方法取值，在实际工程设计中，都要高度重视和认真对待这种附加荷载。

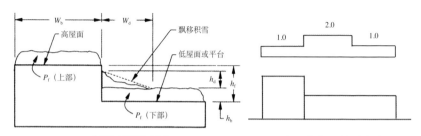

W_b为高层屋面垂直于屋檐的水平尺寸，m；W_d为漂移积雪宽度，m；h_d为漂移雪高，m；h_f为高低层屋面高差，m；h_b为低层屋面上均布雪载高度，m；P_f为屋面均布雪载，kN/m²。

图4-2 高低屋面漂移积雪计算方法

该温室工程各跨之间均采用相同的结构，从经济设计的角度分析，要顾全各种组合荷载，肯定有很大面积的结构设计过于保守；如果不考虑附加荷载，发生局部破坏的可能性就增大。从本工程倒塌的事例看，工程设计中可能没有很好地考虑这一附加荷载。

4.4 分段设计桁架的连接点是温室破坏的薄弱环节

由于当地镀锌池长度的限制，长度9.6m的桁架无法实现一次性整体镀锌。为此，在温室设计中设计人员采用了分段设计整体安装的方法，即将温室的水平桁架拆分为两段，每段桁架的长度为4.8m，这样很好地满足了当地镀锌的要求。温室安装时，将两榀桁架在地面上用三组螺栓连接，使其形成一个整体，总体长度满足9.6m的要求。这种设计方法很好地利用了当地条件，可以说是一种因地制宜的有效措施。但从温室倒塌的破坏现场情况看（图4-3），恰恰是这个连接点成为桁架的最薄弱环节，大量桁架的破坏基本都出现在这个部位。由此我们也可以看到，从受力分析的角度出发，桁架的整体强度或许能够满足要求，但对局部节点的构造处理上设计者可能忽略了强度校核或对局部构造强度的验算，造成破坏的原因主要是连接螺栓的强度没有达到与桁架其他构件的同等强度水平。事实上，由于该温室采用一榀桁架上支撑两个小屋脊的结构设计，桁架的中部正好也是两个小屋脊屋面相交形成天沟支撑点的位置，也就是在桁架的中部形成了一个集中作用力，如果将桁架看作一个整体结构构件，该作用力正好形成桁架跨中最大弯矩，也就是温室桁架中部

a.螺栓拉断　　　　　　　　　　b.连接板变形

图4-3　桁架下弦杆中部连接节点断裂

下弦杆处的连接螺栓受到最大的拉力。从实际破坏现场看，这个部位的螺栓拉断是造成桁架断裂的直接原因（图4-3a）。

当然，随着温室结构进一步向工厂化生产方向发展，这种就地加工因地制宜的设计和生产方法在我国已经基本淡出市场，专门的镀锌车间内10.8m跨度的桁架也能整体镀锌，针对该温室破坏的特例现象可能不再发生。但该温室桁架破坏的另一个节点却不能不引起我们的高度重视，这个节点就是桁架端部弦杆与端板的焊接节点（图4-4）。从本工程实例的破坏现场看，桁架弦杆与端板的焊接不牢造成了桁架在端部的破坏（图4-4），焊点没有焊透。桁架弦杆与端板的焊接实际上是一个"隐蔽工程"，从桁架的外表上看难以判断焊缝是否焊透，因此保证每一个焊接节点的焊接质量是温室构件加工中应该高度重视的问题。建立健全构件加工质量的现场检验手段是保证构件加工质量的重要措施；改进加工工艺也是提高加工质量的重要保证。本工程中如果采用焊接平台，不是将弦杆与端板对接后焊接，而是采用弦杆与端板留有一定空隙，通过焊锡将弦杆和端板连接，在一定程度上就可以克服焊缝不透的问题。具体工程中，大家可以根据不同的连接方式尝试更多的办法去实现构件之间的牢固焊接。

图4-4　桁架上弦杆与端板连接处断裂

4.5　结语

近年来，随着全球气候的变暖，高温、强风、暴雪的强度不断增加，历史记录不断被刷新，各种恶劣气候条件给农业生产造成的灾害也连年上升。2005年的"麦莎"和2007年的"韦帕"等强台风登陆，以及2007年春季弥漫北方大部地区的暴雪，都给当地设施农业生产造成了很大的损失，很多地区温室设施出现大面积倒塌、倾覆、变形等丧失使用功能的损伤和破坏，给广大温室种植者带来了巨大的灾难。作为设施农业生产的主体——温室，能否保证其结构安全，是直接关系到设施农业生产能否继续的前提。保证温室在各种不利荷载作用下结构的强度是温室设计者和制造者义不容辞的责任。温室，作为建筑工程的一个成员，设计和建造中也应该考虑"百年大计"，虽然温室的使用寿命不能按"百年"设计，但温室设计和建造应有"百年"忧患的意识。从大局着眼，从细部入手，注重每一个环节，力争温室工程的主体结构能够完好无损地达到设计寿命，为温室生产者减少不必要的经济损失，减少社会资源浪费，造福人类、造福社会、造福后代。

5 江苏省张家港市某花卉生产塑料薄膜温室风雨中倒塌的成因分析

2007年7月25日，一场时速为20m/s的暴风雨将江苏省张家港市某花卉生产企业的一栋3000多 m^2 的连栋塑料薄膜温室顷刻间夷为平地（图5-1），室内种植的正在陆续上市的菊花也随之被倒塌的温室全部压坏，造成直接经济损失100多万元，给温室生产者造成了巨大的经济损失和精神负担。

图5-1　整栋温室夷为平地

5.1 温室及其生产概况

倒塌温室为一栋跨度9.6m、开间4.0m的连栋塑料薄膜温室，共8跨、10个开间，总长度76.8m，总宽度40.0m，轴线面积3 072 m^2。温室脊高5.5m，檐高4.5m，在6.0m高度上安装有室外遮阳网。温室结构采用Venlo型温室的演化形式，跨度方向采用桁架结构，每跨桁架上安装两个圆弧形小屋面。温室屋脊南北走向。山墙侧每个小屋面的屋脊部位设计山墙抗风柱。所有受力柱均采用100mm×50mm×2.5mm矩形钢管。桁架高度500mm，上下弦杆采用50mm×30mm×2mm矩形钢管，∟3角钢作腹杆。

温室配侧墙卷膜开窗机构、室内遮阳保温幕、人工补光、室内燃油热风炉加温，没有屋面开窗。由于夏季温室通风能力不够，温室用户在使用中将山墙顶部的半圆弧面打开，以加强通风。

室内种植公司自主研发的菊花切花专有品种，生产状况良好，主要出口日本，产品很受日商的青睐，国内众多企业多次登门洽商，要求长期订货。应该说公司的经营和产品具有很好的市场前景。

5.2 温室倒塌现场初步印象

据企业管理者介绍，温室是在受到北风吹袭后整体向南倒塌的。从倒塌的现场看，温室的立柱和屋面体系基本没有损坏，倒塌主要是因为立柱与基础和天沟的连接发生断裂，造成立柱侧倾，使屋面体系失去支撑，而整体倒塌。从现场立柱和屋面体系的构件基本完好、没有弯曲变形的情况可以断定，温室主体结构并没有达到破坏强度。事实上，根据当地气象局的气象数据记录，当天10m高处的最大瞬时风速只有20.2m/s，相当于0.25kN/m²的基本设计风压，离温室生产企业在合同中规定的结构风荷载承载能力0.55kN/m²还不足一半，也远远没有达到当地50年一遇的民用建筑国家标准荷载设计标准值0.45kN/m²。因此，温室倒塌不是设计荷载取值不当或者结构整体强度不足造成的。

5.3 山墙立柱与基础的连接不当是造成温室倒塌的直接原因

本工程所有承力柱（包括山墙柱、侧墙柱和室内柱）均采用钢筋混凝土独立基础，分为两段，上部为180mm×180mm×300mm，露出地面；下部为500mm×500mm×400mm，埋于地下。四周为宽250mm、高300mm的条形砖护墙，用以温室防水和固定塑料薄膜。

本工程所有柱与基础的连接均采用2根螺栓，分布在柱的两侧，螺栓预埋在基础内。预埋螺栓下部安装一螺母，在基础中的埋深约2cm，而且与独立基础中的配筋没有任何联系（图5-2）。

直观地分析，预埋螺栓的埋深不够是造成这次事故的主要诱因。按照设计规范规定，单根螺栓作为预埋件使用时，在基础中的埋深应不少于25d（d为螺栓的

图5-2 温室倒塌后山墙柱基础破坏情况

直径）；其次，以螺栓作为预埋件的锚板时，要求锚板宽度不小于3d（d为螺栓的直径）；第三，从山墙柱固结的要求来讲，至少应有4根螺栓与柱基连接；第四，作为预埋件应最好与基础受力筋焊接或绑扎，使其与基础形成一个整体。

本工程基础采用φ12预埋螺栓，按照规范螺栓埋深至少应达到300mm，而本工程螺栓长度包括地上部分总长也不过53mm，实际埋深不足25mm（图5-3），预埋件的埋深基本都在基础内钢筋的混凝土保护层范围内，根本没有达到钢筋所在位置，更谈不上与基础受力筋的连接。这种基础预埋件几乎没有与基础发生作用力，在侧向风荷载和竖向上拔力的作用下，混凝土不能承受拉力

图5-3　基础预埋螺栓的深度不足25mm

的作用，柱基失去完全的依着，温室倒塌成为必然。事实上，这种螺栓预埋件的作用甚至比不上普通的膨胀螺栓，而后者是禁止使用在承力结构件上的。

5.4　立柱与屋盖系统构件连接软弱是造成温室整体倒塌的另一主要原因

从倒塌现场分析，整个温室的屋盖系统基本保持稳定，几乎没有发生破坏（图5-4），因此屋面拱杆、天沟和桁架的强度和连接是可靠的。但连接屋盖系统的柱顶连接处，包括与天沟、屋面拱杆、横梁等的连接板和连接螺栓都发生了破坏性变形（图5-5），有的地方甚至连连接螺栓都不知去向（图5-6）。

图5-4　倒塌温室屋盖系统保持完好

上述现象表明，立柱与屋

图5-5　立柱与屋盖构件连接破坏

图5-6　立柱与屋面拱杆连接的螺栓全部断裂

盖系统各构件之间的连接在设计上存在很大的缺陷。首先用简单的两块连接板连接立柱与屋面拱杆，在结构发生倾覆时无力阻止结构变形，强度不够；其次，连接螺栓的强度和数量恐怕也是结构破坏的薄弱点，在安装过程中螺栓是否拧紧也直接影响连接点的连接强度。

本工程破坏的情况再次提醒我们，在设计过程中应重视对螺栓连接部位的强度校核。很多设计在计算书中只重视主体结构的强度设计，甚至忽略了檩条、系杆的计算，对围护材料的强度验算也很少有人重视。温室设计是一项系统工程，设计工作应从细微处入手，任何微小的薄弱环节都可能是整体结构破坏的隐患。

5.5　正确认识抗风柱的作用

抗风柱是设计在山墙上用于抵抗风荷载的专门立柱。本工程在形式上设计了抗风柱，但从现场破坏情况看，抗风柱没有独立的基础，立柱的基部直接埋在自然土壤中，由于立柱的截面面积太小，自然土壤又是松散体，在抗风立柱发生倾覆时无力阻止柱基的移动，结果造成抗风立柱直接倾覆，并将山墙基础围护墙掘断（图5-7），完全失去了抗风柱的作用。

作为受力柱，不论在什么位置，都应该设置基础。只有有了基础，柱所承受的上部或侧向荷载才能有效传递到具有一定承载能力的地基，温室才真正拥有了"根"。没有根基的建筑只能是空中楼阁，随风飘动。

图5-7　没有基础的山墙抗风柱倾覆后将基础围护墙掘断

5.6　正确认识和应用风荷载

风荷载是温室结构抵抗风力作用大小的一个指标。对于一个特定的地区，风荷载取值按照当地多年发生的概率和结构损坏造成的社会和经济损失确定。我国国家标准规定了全国不同地区50年和100年一遇的风荷载设计标准。江苏省张家港地区的上述两值分别为$0.45kN/m^2$和$0.55kN/m^2$。对于塑料温室，一般温室的使用寿命规定为20年，按照相关规定，温室设计荷载的标准值可以按照30年内20年一遇取值即可。

本温室工程的设计制造厂家在合同中明确给出了$0.55kN/m^2$的设计承载力，显然，设计荷载取值不合理，而且在同一地点建设的8m跨塑料薄膜温室的合同中给出的却是$0.45kN/m^2$的设计荷载，显然这一荷载也偏于保守，而且同一地点的两栋温室给出不同的设计风荷载承载能力，在相同用途的温室上肯定是不合理的。由此，我们可以肯定地说，该温室工程的设计和安装企业要么对当地的气象资料缺乏了解，在温室建设之前没有对当地情况进行深入分析和研究；要么是对温室设计风荷载不了解或认识不足。不论是上述哪种情况，这种无知的设计建造者，如果继续在我国的温室行业从业，对我国温室制造业的未来发展将会造成巨大的隐患。在此，我们必须强烈地呼吁，温室行业应该建立企业准入制度，温室设计和安装企业应该像建筑企业一样有建设的施工和安装资质，温室行业的从业者也应该有相应的设计、施工和安装资质。只有这样，才能保证我国温室行业的健康、快速和可持续发展。同时我们也呼吁，温室制造企业应该积极钻研业务，深刻领会和掌握温室设计及安装的技术要领和知识，起码不要出现连外行都能一眼看出来的低级问题。

5.7 建议

近年来，随着我国设施农业产业的快速发展，有关温室倒塌、温室材料和设备性能达不到技术要求指标等事件屡屡发生，温室制造企业与温室建设单位之间的矛盾有的已经进入法律的层面，这给我国设施农业的健康发展平添了很多负面影响。为尽量减少类似事故的发生，保证设施农业的可持续发展，从行业管理的角度，笔者提出如下建议，供政府管理部门、温室生产企业、科研单位等相关机构和人员参考。

5.7.1 建立行业标准化体系，规范温室建设质量

行业标准化体系是温室建设的基础，也是不断提高温室建设质量的标尺。只有标准化的产品和建设要求，才能保证温室建设工程质量。目前我国的质量标准体系还不健全，四级标准体系（国家标准、行业标准、地方标准、企业标准）还不配套，协会标准刚刚起步，很多地方还处于空白，机械行业和农业行业两套行业标准体系还不协调，产品标准、设计标准、安装验收标准还不完善，温室行业亟待建立和完善标准化的管理体系。在健全行业标准的基础上，应加强协会标准和企业标准的制定。由于中国的气候资源丰富，地域特色明显，标准体系中尤其要重视地方标准的制定。应将设计标准和工程质量控制标准（施工、安装、验收标准）划归到国家标准和行业标准，而将产品标准更多地划归到企业标准，以提高产品的竞争能力。

5.7.2 建立企业资质管理体系，提高温室制造企业及从业者的技术能力

温室工程是建筑工程的一种形式，应该纳入建筑行业企业管理的行列，由住房和城乡建设部或农业农村部统一管理。企业实行资质管理，有利于规范企业管理，有利于贯彻落实行业标准，有利于提高温室建设从业者的技术素质，也有利于政府管理部门对企业的

管理。目前的很多国家项目，在实行工程招标过程中，往往必须依托建筑行业的企业资质，这无形中加大了温室的建设成本，不利于温室行业的健康发展。温室行业应建立自身的企业管理模式。企业资质管理首先从从业者的素质抓起，在全国范围内建立温室工程设计、制造、安装的个人从业资质考试和认证体制，使温室行业从业者具备一定的理论知识和实际操作能力。温室企业按照从业者的能力分为温室设计公司和温室安装公司。一个企业根据其自身能力，可申请其中一项业务或两项业务的从业资质。充分发挥行业协会的作用，具体承担个人资质的考评和认证。农业农村部协同住房和城乡建设部组织管理企业的资质考评和认证。国外企业进入国内温室市场，也应按照相关规定进行资质申请和认证。

5.7.3 建立国家保险体系，提高农业生产的抗风险能力

设施农业生产和其他产业生产相同，不可避免地存在天灾、人祸或管理不善原因等造成的不同程度的经济损失。作为现代农业生产的一种重要方式，建立农业设施和生产的国家或商业保险体系，提高农业生产的抗风险能力，将对保证现代农业的可持续发展具有非常积极的作用。首先温室设施具有明确的建设投资，可以直接作为保险的基准；其次，对于不同的种植内容，可以根据常年的种植水平在全国范围内按照地域特点制定正常管理水平下的产量评估指标，以方便保险公司制定相关的保险理赔费率标准。

5.7.4 建立现代设施园艺工程建设的审批制度

如同建筑行业一样，温室工程建设也应该建立审批和备案制度。①可以帮助政府宏观决策部门了解设施建设的规模和发展速度，有利于有的放矢地制定相关宏观管理政策；②可以在审批和备案过程中掌握温室建设的水平和温室建设企业的能力，保证温室建设的高水平和高质量；③可以帮助土地管理部门正确掌握土地的使用情况，包括基本农田性质是否改变、农田的有效使用面积大小等，对保证准确贯彻落实国家的土地政策具有一定的意义。

5.7.5 开展经常化的职业教育，大力普及基础科技知识，提高从业者的专业知识水平

利用大学、科研机构和行业协会的场所和平台，组织经常性的

温室工程和种植技术以及经营管理方面的专业知识培训，使温室企业的从业者充分掌握温室建设的基础理论知识和最新技术成果，并能将这些知识和成果应用到温室的设计和建设之中，加强温室工程技术的创新，以全面提升行业的技术水平。同时也为温室行业从业者的资质考评创造条件，使他们有正规化的渠道和场所获得需要掌握的基本知识。

6 江苏常州某光伏温室大雪后倒塌的成因分析

    2013年2月18—19日，江苏省常州市遭遇大雪袭击，降雪持续近15h，致使常州市江南花都产业园内2栋连栋光伏温室倒塌，其中1栋温室内正在培育的盆花幼苗也全被压坏，直接经济损失近2 000万元，给温室建设者带来了巨额经济损失，同时在温室行业内也引起了较大反响。为确定温室倒塌的主要诱因，受温室总承包方——光宝绿能科技（南京）有限公司的委托，农业农村部规划设计研究院派遣专家于3月26—28日赴温室倒塌现场进行了实地勘察分析、材料取样，并对收集到的温室相关数据进行结构复核、验算，结合现场倒塌实况，探明了温室倒塌发生的原因，形成了本技术分析报告，供当事各方追责中参考，亦为今后温室工程的规范化设计建造提供借鉴。

6.1 工程概况

6.1.1 园区概况

    倒塌温室位于江苏省常州市武进区嘉泽镇跃进村的江南花都产业园。该园区规划总面积20hm^2，由花卉生产、花卉交易、综合服务和新农村安居四大功能区组成。园区主要定位在中高档的花卉生产上，品种有蝴蝶兰、兜兰、飘带兰、红掌、凤梨等。为强化新能源在设施园艺生产中的应用，园区与台湾光宝集团合作，建设6栋连栋光伏玻璃温室，采用非晶硅薄膜电池组件部分替代传统的玻璃透光覆盖材料，安装于温室屋面，打造集农业生产、绿色能源、科技实践为一体的高科技绿色农业生产模式。项目建成后，预计年可发电246万千瓦·时。

6栋温室的平面布局见图6-1，其中倒塌温室为A、B两栋。

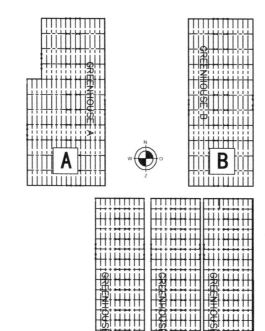

图6-1　连栋光伏玻璃温室平面布局图

6.1.2　倒塌温室概况

两栋倒塌温室总建筑面积14 736m²，具体建筑参数见表6-1。

表6-1　倒塌温室建筑尺寸

编号	跨度（m）	开间（m）	跨数（m）	开间数（个）	总宽（m）	总长（m）	檐高（m）	面积（m²）
A	12	4	11	13/16	132	52/64	5.8	7 872
B	12	4	11	13	132	51	5.8	6 864

两栋温室均为改良文洛型温室结构，跨度12m，开间4m，檐高5.8m（其中柱高5.5m，基础矮墙高0.3m）。A栋温室沿南北方向11跨，东西方向南部7跨16个开间，北部4跨13个开间，平面总体布局呈L形，温室总长132m，总宽64m（52m），总建筑面积7 872m²。B栋温室南北方向11跨，东西方向13个开间，为矩形平面布局，总长132m，总宽52m，总建筑面积6 864m²。

温室屋面采用不等坡屋脊形屋面结构（这是与传统文洛型温室的最大差别），每跨3个小屋面，屋脊东西走向，朝南屋面安装太阳能光伏板，倾角为27°；朝北屋面安装4mm厚浮法玻璃，倾角为36.5°。温室天沟采用铝合金空心保温天沟。天沟支撑屋面，并将屋面荷载传递到桁架，桁架连接立柱。温室主要结构用材见表6-2。

根据《工程分包合同》约定，温室主体钢结构使用寿命不低于20年，温室钢结构承载能力根据荷兰NEN3859和NPR3860温室标准设计。

表6-2　温室钢结构主要构件规格及材料

名称	主材规格 （高×宽×壁厚，mm）	表面处理 方式	备注
室内立柱	□140×60×3.0	热浸镀锌	柱高5.5m
室内带斜支撑立柱	□140×70×6.0	热浸镀锌	柱高5.5m
侧墙主立柱	□140×60×3.0	热浸镀锌	柱高5.5m
侧墙副立柱	□140×50×3.0	热浸镀锌	柱高5.5m
侧墙带斜支撑立柱	□140×70×6.0	热浸镀锌	柱高5.5m
山墙立柱	□160×80×4.0	热浸镀锌	柱高5.5m
桁架	弦杆□60×30×2.5 腹杆Φ12/Φ16交错布置	热浸镀锌	上下弦杆中心距0.52m 桁架长11.86 m
侧墙檩条	C80×40×3.0	热浸镀锌	
山墙檩条	C80×40×4.0	热浸镀锌	
排水天沟	专用型材		铝合金
屋面梁	专用型材		铝合金

注：□表示方管；Φ表示圆管直径；C表示C形钢。

温室基础四周采用圈梁下独立钢筋混凝土基础，室内全部为钢筋混凝土独立基础，沿天沟方向单向0.15%找坡。

温室其他配套设备包括：

（1）**屋面开窗系统** 温室采用单侧面轨道交错式推杆开窗系统，天窗规格为3m（长）×1m（宽）。

（2）**室内保温/遮阳系统** 温室设内保温/遮阳系统，遮阳幕遮阳率54%，节能率57%。

（3）**湿帘风机降温系统** 温室设风机湿帘降温系统，湿帘高1.8m，厚100mm，沿山墙方向通长布置，风机布置在湿帘对面山墙，间隔4m安装1台，每台风机排风量40 000m³/h。

（4）**采暖系统** 温室采用热水采暖系统。

6.2 温室倒塌现场勘察

因A栋温室和B栋温室倒塌的情况基本相同，本案例以A栋温室为例进行分析。

6.2.1 温室四周围护墙体倒塌情况

A栋温室四周倒塌情况见图6-2。

（1）**北侧** 温室北侧结构整体向南侧倒塌，除北侧最东部开间侧墙立柱与基础的连接尚未完全破坏外，其余侧墙立柱与基础的连接完全断裂。倒塌现象表明，北侧墙体受到了强大的向南侧的侧向拉力，造成了墙体倒塌。

（2）**东侧** 温室东侧山墙整体向西侧倒塌，但只有南部第2～3跨位置的山墙向西彻底倒塌，其他部位山墙虽然发生了倾覆，但尚未完全倒塌。倒塌现象表明，在南部第2～3跨的位置首先倒塌，并拉扯到其他部位的山墙向西倾斜。

（3）**南侧** 温室南侧侧墙结构整体往北侧倾斜，但均未坍塌到地面。倒塌现象表明，南侧侧墙受到墙顶向北的拉力，使墙体发生倾覆。

（4）**西侧** 由于温室为L形平面布局，西侧山墙立面不全在一个平面内，北部开间数少，处于L形的凹部，南部开间数多，处于L形的凸部。从温室的倒塌情况看，西侧墙体温室的北部凹面部分结构整体向南侧倒塌；南部凸面部分结构从南到北第2～3跨整体向西完全倒塌，但从第4跨开始则向东侧倾斜，而未完全倒塌。由此可见，西侧山墙的北部凹面部分受到的是向南的拉力，而南侧凸面部分受到的则是一种扭力，其中以南侧第2～3跨受到的力最大。

a.北侧墙体整体倒塌情况（从西向东）　b.北侧墙体倒塌情况（从西向东）　c.东侧墙体整体倒塌情况（从南向北）　d.东侧墙体南端仍未完全破坏（从北向南）

e.东侧墙体南部2～3跨彻底倒塌（从东向西）　f.南侧墙体整体倒塌情况（从东向西）　g.西侧北部凹部墙体倒塌情况（从北向南）　h.西侧南部凸部墙体倒塌情况（从北向南）

图6-2　A栋温室四周围护墙体倒塌情况

6.2.2　温室整体倒塌情况

从温室整体倒塌的趋势来看，A栋温室是从北到南，向南侧第2～3跨位置的中间部分倒塌，南侧第2～3跨又向西倒塌（图6-3）。从南侧第2～3跨温室向西完全倒塌看，整个温室的倒塌可能起源于这一区域，西侧凸面部分受扭可能是L形拐点及局部斜撑的加强作用造成。

6.2.3　温室倒塌的总体分析

（1）从倒塌现场来看，A、B两栋温室几乎完全倒塌，剩余极少部分由于骨架杆件的拉扯作用，呈倾斜变形，整个温室已无修复再利用

图6-3　A栋温室整体倒塌示意图

的价值。

（2）经现场勘查，A、B两栋温室的屋面体系相对完整，不是温室倒塌的诱发点，绝大部分立柱虽已倒伏，但自身保持完整，个别立柱和天沟变形破坏应为局部倒塌所引起的应力集中所致（图6-4）。

a.屋面系统倒塌情况   b.相对完整的屋面系统   c.立柱情况

图6-4 A栋温室立柱及屋面系统

（3）通过分析、比对A、B两栋温室的整体破坏情况及局部破坏情况发现，两栋温室的倒塌情景较为相似，基本都是温室南侧第2～3跨朝向西侧倒塌，南北方向通过桁架的扯拽引起温室北部区域向南侧倒塌、南部区域向北侧倒塌。东西方向通过天沟的扯拽，跟随着倾斜造成倒塌（图6-5）。

6.3 温室倒塌技术分析

6.3.1 风载

根据我国《建筑结构荷载规范》（GB 50009—2012），常州市设计基本风压值：$n = 10$ 时为 $0.25kN/m^2$，$n = 50$ 时为 $0.40kN/m^2$，$n = 100$ 时为

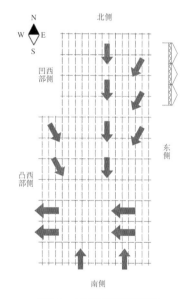

图6-5 A栋温室倒塌模拟图

$0.45kN/m^2$（其中 n 为计算重现期，单位为年），但事发当日现场风力等级温室建设单位和温室施工企业均未能提供官方气象数据，从现场的积雪分布看，当时风力不大，不是造成温室倒塌的主要诱因。

6.3.2 雪荷载分析

雪荷载是造成该项工程温室倒塌的主要因素之一，因此，从技术的角度分析温室倒塌时刻温室实际承受的雪荷载，对判断温室结构的设计强度具有重要的意义。

6.3.2.1 温室结构设计雪荷载

按照我国《建筑结构荷载规范》（GB 50009—2012）的规定，江苏省常州市10年和50年重现期的设计基本雪压分别为$0.20kN/m^2$和$0.35kN/m^2$，结合玻璃温室的使用寿命和结构特点，一般结构设计基本雪压重现期取值应大于10年，而小于50年。

根据温室施工企业提供的温室结构计算书，该温室实际设计基本雪压为$0.25 kN/m^2$，相当于17.8年重现期。该取值与温室建设单位和温室施工企业签订的《工程分包合同》中约定的"温室主体钢结构使用寿命不低于20年"存在2.2年的偏差。但如果按照20年重现期计算，设计基本雪压应取$0.26 kN/m^2$。考虑到两者相差仅4%，基本处于工程设计的允许误差范围内，故认为设计计算选用的基本雪压基本合理。

按照荷兰（NEN 3859和NPR 3860）和欧洲（EN 13031—2001）温室设计标准，实际计算雪荷载尚应考虑温室屋面形状和是否配置可靠保证的加温系统，即：

$$S_k = C_t \times \mu_i \times S_0$$

式中：S_k——计算雪荷载，kN/m^2；

S_0——基本雪压，降落在水平地面上的实际雪压，kN/m^2；

C_t——考虑加温的热因子折减系数；

μ_i——屋面积雪分布系数。

在屋面形状一定的条件下，温室是否配备可靠的加温系统对温室结构中计算雪荷载的取值将有较大的影响。按照NEN 3859的规定，温室不考虑加温或没有可靠加温时，温室设计的雪荷载热因子折减系数C_t为1.0；单层玻璃温室配备可靠加温系统时温室设计的雪荷载热因子折减系数C_t为0.6，而按照EN 13031—2001的规定在荷兰C_t为0.5。现按《工程分包合同》规定的NEN 3859标准计算，按照温室有可靠加温考虑，温室设计的计算雪荷载承载能力应为：

$$0.25 kN/m^2 \times 0.6 = 0.15 kN/m^2$$

如果温室按照不加温设计，其时的温室设计计算雪荷载承载能力为0.25 kN/m²。

6.3.2.2 温室结构实际承载雪荷载

为了还原和再现温室倒塌时所承受的实际雪荷载（温室屋面实际承受的雪压，随降雪量变化），研究小组请求温室建设单位（甲方）和温室施工企业（乙方）收集到了倒塌温室周边气象站（常州气象站、金坛气象站和尧塘气象站）2013年2月18—19日的降雪资料（表6-3）。

3个气象站中，常州气象站为国家基本气象站（6h采样1次），位于事故现场的东北部，距离事故现场最远（23.3km）；金坛气象站为一级气象站（12h采样1次），位于事故现场的正西方向，距离事故现场的距离（21.5km）与常州气象站距离事故现场的距离基本相当；尧塘气象站为自动气象站（24h采样1次），位于事故现场的西侧，距离事故现场最近（9.4km）。3个气象站与事故现场的相对位置见图6-6。由于三个气象站均采用国家统一的测量方法，只是采样时间间隔有区别，故认为3个气象站提供的气象数据均真实可靠，可作为本次事故分析的依据。

表6-3　事故现场周边气象站提供的降雪量气象数据
（2013年2月18日20：00至19日20：00）

气象站名称	气象站地点	气象站级别	距离事故现场距离	降雪数据	备注
常州观测站	龙虎塘镇（事故现场东北方向）	基本气象站	23.3km	总降雪量16.9mm，其中18日20：00至19日2：00降雪量9.0 mm，19日2：00—8：00降雪量7.9 mm，最大积雪深度12.0cm，最大雪压1.9g/cm²	甲方提供
尧塘气象站	金坛市尧塘镇（事故现场正西方向）	自动气象站	9.4km	18日20：00至19日20：00降雪量26.9 mm，其间，19日9时以后天气转好，无降水	乙方提供
金坛观测站	金坛市金城镇南洲村（事故现场正西方向）	一级气象站	21.5km	18日20：00至19日8：00降雪量23.3 mm，达暴雪标准，积雪深度为18.0cm	甲方提供

图6-6 3个气象站点与事故点的位置示意图

从3个气象站给出的数据看，有降雪量、降雪深度和雪压3个不同的术语。

降雪量是指气象观测人员用标准容器将采集到的雪融化成水后测量得到的水深，以毫米为单位。由于降雪量是一定时期的累积量，其中可能包括真正的降雪量和降雪前后的降水量（降雨），所以，应用"降雪量"时应分清其中的降雨量和实际的降雪量。

积雪深度是通过测量气象观测场上未融化的积雪从积雪面到地面的垂直深度，以厘米为单位，是一个可以随着积雪的加深不断累积变化的数值，其中不含降雨的成分，应该是全部积雪量，其值基本能代表温室屋面的积雪量。

雪压是指单位水平面积上的雪重，是真正作用在温室上的积雪荷载。

由表6-3可见，距离事故点最近的尧塘自动气象站，提供2月18日20：00至19日20：00的24h降雪量为26.9mm，但又说明从2月19日9时起天气好转，无降水，即26.9mm的降雪量也可基本认为是从2月18日20：00至19日9：00的降雪量。

常州观测站资料显示，从2月18日20：00至19日8：00，累积降雪量为16.9mm，最大积雪深度12cm，最大雪压1.9g/cm²，即0.19kN/m²。根据常州观测站提供的最大雪压和积雪深度，推算出降雪的密度为158kg/m³，这与我国《建筑结构荷载规范》（GB 50009—

2012)中建议的淮河、秦岭以南地区一般取150kg/m³的规定相近。其中16.9mm总降雪量包含18日20：00至19日2：00的9.0mm，约占总量的53%；19日2：00—8：00的7.9mm，约占总量的47%，说明前期降雪量大，后期降雪量减小。

常州观测站的资料还表明：2013年2月18日的天气状况为阴有雨、冰粒、雪，17日20：00至18日20：00的累计雨雪量为13.0mm。其中，冰粒、雪降落时间记录从2月18日17：55至20：00。说明降雪开始时间应该是18日17：55。由此推论18日20:00至19日8:00的降雪量全部为真实降雪，没有降雨。

金坛观测站资料显示，从2月18日20：00至19日8：00，累积降雪量23.3mm，积雪深度18cm。参照常州观测站158kg/m²的雪密度，计算得到金坛观测站的最大雪压为0.285kN/m²。

从地理位置分析，事故点及尧塘观测站位于常州观测站和金坛观测站的中间范围，可以看出3气象站的降雪量大小排序分别为：尧塘（26.9mm）>金坛（23.3mm）>常州（16.9mm），从距离上分析，事故点的降雪应与尧塘观测站相似。另外从图6-6可以看出，金坛观测站、常州观测站位于城市，周围有大量居民区，而事故点与尧塘观测站远离城市，周围居民区较少。因此考虑城市的热岛效应，事故点的降雪应与尧塘观测站相近，至少应大于常州观测站的降雪量。

由于尧塘观测站为自动气象站，只有记录降雪量，并没有测量积雪深度及最大雪压。所以尧塘观测站的雪压，只能通过推算累积降雪量来估算。根据26.9mm的降雪量，折算雪压约为0.30kN/m²。该雪压中包含了19日8：00—9：00时段的降雪量，参考金坛站的数据，折算到19日8：00时刻的降雪量，应该为0.28～0.30kN/m²。

综上，各气象站在记录时刻的基本雪压汇总见表6-4。由表可见，如果按照19日8：00时刻的降雪雪压考虑，实际降雪量均超过了温室按加温设计的实际计算雪压，其中金坛和尧塘观测站的数据表明，在19日8：00时刻，实际降雪量甚至超过了温室按不加温设计的实际计算雪压。

但如果按照常州气象站的数据，19日2：00时刻的实际降雪量还未达到温室设计的实际计算雪荷载。

由此可以推断，19日2：00，温室实际雪荷载没有超过设计荷载；19日2：00—8：00，肯定会有一个时刻实际的降雪量超过温室的设计雪荷载。

表6-4　各气象站不同时刻的实际雪压（kN/m^2）

气象站名称	2月18日18：00	2月19日2：00	2月19日8：00
常州	＞0	＞0.10	＞0.19
金坛	—	—	0.285
尧塘	—	—	0.28～0.30

6.3.3　计算书复核

6.3.3.1　屋面荷载

（1）计算书中屋面形状及屋面荷载　计算书按照标准Venlo形温室屋面进行计算，跨度12m，1跨内3个小屋面，每个屋面的两侧坡面等长，坡度为27°。屋面恒载采用均布荷载，荷载取值为$0.194kN/m^2$。

（2）实际温室屋面形状及屋面荷载　实际温室屋面为改良型的Venlo形结构，温室的立柱和桁架结构与传统的Venlo形结构相同，但考虑到光伏板采光的要求，屋面采用不等坡形式，温室屋脊东西走向，南坡屋面布置光伏板，北坡屋面为传统的浮法玻璃。

南坡屋面倾角为27°，宽度约2.6m，沿温室长度方向4m为一个开间，每个开间间隔布置1.1m宽7mm厚光伏板和0.22m宽4mm厚浮法钢化玻璃3组。单块光伏板尺寸为1300mm×1100mm，质量为24kg，沿屋面宽度方向布置2块。

北坡屋面倾角为36.5°，宽度约2m，全部布置4mm厚浮法玻璃。

（3）实际屋面荷载与计算屋面荷载比较　表6-5列出了温室屋面设计荷载和根据屋面安装材料计算出的实际荷载。由表可见：①温室计算模型没有考虑实际不等屋面的情况，使计算模型中屋面的总宽度较实际温室短0.21cm；②计算模型没有考虑左右不对称荷载，由此可能会产生天沟计算中不能准确分析荷载的偏心作用；③计算模型的屋面荷载全部按照满铺光伏板计算，如果不考虑对天沟的偏心作用，屋面通过天沟传递到桁架和立柱上的荷载每个开间屋面增大了0.4kN，荷载设计值比实际荷载值增大了近15%，取值偏于安全。

6.3.3.2 钢结构材料强度

（1）**计算书采用的材料强度**　从计算书看出，温室结构设计用材料为意大利标准的FeE235和FeE360。对比国内Q235和Q345标号的钢材（表6-6）可以看出，从设计强度指标看，FeE235和FeE360均基本相当于我国的Q235。

（2）**实际使用钢材的材料强度**　根据常州市建筑科学研究院提供《检测报告》的测定结果表明，温室钢结构桁架上下弦杆和立柱均采用我国国标Q235标号的钢材，而桁架腹杆则采用国标Q345标号钢材。由此看出，实际钢结构用材符合设计用材要求。

表6-5　计算荷载与实际情况比较

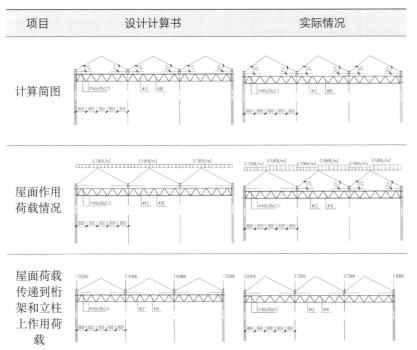

表6-6　国内钢材与设计采用钢材强度对比

钢号	FeE235	FeE360	Q235	Q345
设计强度（N/mm²）	225	216	215	310

注：①FeE235和FeE360为意大利标准钢号，Q235和Q345是中国标准钢号；②FeE235和FeE360的板厚为1～20mm，Q235和Q345的板厚为≤16mm；③FeE235和FeE360的设计强度为屈服强度，Q235和Q345为抗拉、抗压、抗弯设计强度，后者等同于屈服强度。

6.3.4　地基基础

6.3.4.1　设计基础

按照设计图纸和设计计算书提供的资料，温室基础采用钢筋混凝土独立基础，上部为钢筋混凝土基础短柱，下部为圆柱形基础，根据位置和承载力不同，截面和高度均有变化（图6-7）。

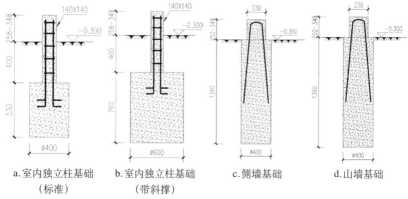

a.室内独立柱基础　　b.室内独立柱基础　　c.侧墙基础　　　　d.山墙基础
（标准）　　　　　　（带斜撑）

图6-7　温室基础设计图（单位：mm）

山墙和侧墙基础采用独立基础加地基圈梁的做法，圈梁下独立基础均采用φ400mm的圆柱形基础，基础高度根据侧墙和山墙位置不同分别为1.34m和1.39m。

地基对土壤要求为轻微泥质的沙土（sandy soil, slightly argillaceous），地耐力要求大于80kN/m²。

6.3.4.2　实际基础做法

温室基础由于采用独立基础，数量庞大，而且埋置在地下，全部检验难度很大。为此，建设单位委托常州市建筑科学研究院对基础进行了抽检，两栋温室共抽检10个基础，其中A栋温室的抽检位置与抽检基础编号见图6-8。结合抽检的结果和本研究小组现场的观测可以看出，基础施工与设计存在较大差异，主要表现在以下几个方面。

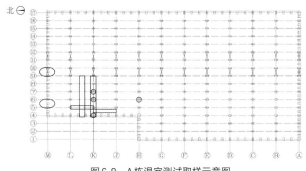

图6-8　A栋温室测试取样示意图

图例：○基础混凝土抗压强度取样；◎地圈梁混凝土抗压强度取样；□金属材料力学性能取样

（1）**基础材料强度**　表6-7和表6-8分别为抽检的A栋温室基础和基础圈梁的检测强度。从检测结果看，基础混凝土抗压强度较低，5个基础中，仅有2个基础混凝土抗压强度符合设计要求，80%达不到设计要求；2个基础圈梁中，也有1个不合格，抽检50%达不到设计要求。按照国家标准《钢筋混凝土工程施工及验收规范》（GB 50204—2002）的规定，混凝土基础和圈梁的施工质量应判定为不合格。

表6-7　A栋温室基础混凝土强度检测与设计对比

序号	基础编号	基础类型	设计强度		检测强度		备注
			等级	强度（MPa）	等级	强度（MPa）	
1	6-K轴	ZJ	B25	25	—	＜10	不符合设计要求
2	7-K轴	ZJ	B25	25		17.5	不符合设计要求
3	6-H轴	ZJ	B25	25		23.2	不符合设计要求
4	6-M轴	CJ	B25	25		25.7	符合设计要求
5	4-K轴	SJ	B25	25	—	30.3	符合设计要求

注：基础编号按横竖轴线交叉点标识。SJ为山墙基础；CJ为侧墙基础；ZJ为中柱基础。

表6-8   A栋温室基础圈梁混凝土强度检测与设计对比

序号	圈梁取样部位	圈梁类型	设计强度		检测强度		备注
			等级	强度（MPa）	等级	强度（MPa）	
1	M-5-6轴	CQ	B25	25	—	20.2	不符合设计要求
2	M-9-10轴	CQ	B25	25	—	25.5	符合设计要求

注：CQ为侧墙圈梁。

（2）基础埋深　表6-9是抽检的A栋温室6个基础的埋深的测量结果。由表可见，除了侧墙基础和山墙基础由于埋深较深，没有测量结果外，全部的室内独立基础的埋深均不满足设计埋深要求。

表6-9   基础设计埋深与实际埋深对比

序号	基础编号	基础类型	设计埋深（m）	实际埋深（m）	备注
1	6-K轴	ZJ	0.93	0.78	不符合设计要求
2	7-K轴	ZJ	0.93	0.825	不符合设计要求
3	8-K轴	ZJ	0.93	0.75	不符合设计要求
4	9-K轴	ZJ	1.16	0.48	不符合设计要求
5	4-K轴	SJ	1.39	＞0.7	埋深不具备检测条件
6	6-M轴	CJ	1.34	＞0.75	埋深不具备检测条件

（3）基础尺寸　表6-10是抽检的基础尺寸的测量值。由表可见，除了山墙基础和侧墙基础埋深不具备检测条件、没有测量数据外，从不合格的参数看，主要是基础的高度不够，A栋温室的9-K轴基础高度150mm仅相当于混凝土垫层厚度，远不能达到设计要求。

从抽检的结果还可以看出，A栋温室除了9-K轴基础的直径小于

图6-9　不规则基础截面

设计直径外，其他5个基础的直径均大于设计直径，有的甚至大于设计值的50%，这对扩散基础底面压力，降低对地基的承载力要求具有有利的一面。但现场观测也发现，很多基础底面不平，更多呈不规则圆形（图6-9）。这实际上又显著增加了基础侧翻的风险。

表6-10　基础设计截面尺寸与实际截面尺寸对比

序号	基础编号	基础类型	设计值		实际值	
			尺寸（直径×高，mm）	混凝土用量（m³）	尺寸（长×宽×高，mm）	混凝土用量（m³）
1	6-K轴	ZJ	Ø400×530	0.061	448×438×384	0.075
2	7-K轴	ZJ	Ø400×530	0.061	600×650×400	0.156
3	8-K轴	ZJ	Ø400×530	0.061	500×500×350	0.087 5
4	9-K轴	ZJ	Ø600×760	0.215	489×497×150	0.036 5
5	4-K轴	SJ	Ø400×1390	0.175	450×600	埋深不具备检测条件
6	6-M轴	CJ	Ø400×1340	0.168	450×580	埋深不具备检测条件

注：Ø表示圆柱体基础。

（4）**基础短柱与基础基座的连接**　从施工过程的照片看，基础短柱与基础基座为二次浇注，从施工现场看，温室基础短柱与基础基座的连接主要存在两个方面的问题：一是连接存在偏心（图6-10a），混凝土基础短柱与基础底面存在偏心，使地基受偏心荷载作用；二是连接不是一个整体，达不到两者固结设计的要求（图6-10b），二次浇注前，未按施工规范对结合面进行处理，如对表面打毛、对已硬化的混凝土表面清除水泥薄膜和松动的石子，并加以充分湿润和冲洗干净等，造成基础短柱与下部基础混凝土没有浇为整体，无法共同受力，这样将失去两者之间弯矩和剪力传递的能力。

（5）**小结**　从以上施工质量方面分析，基础施工很不规范，温室基础施工主要存在以下几个方面的问题：①混凝土基础强度达不到设计要求，独立基础埋深不够；②基础短柱与基础基座存在偏心，且两者没有形成一个整体；③基础底部没有夯实找平，混凝土基础形状不规则，基础底面多为不规则球状，每个独立基础都不完全相同，有的混凝土用量很大，有的少很多，难以保证质量。

a.基础短柱与基础基座连接偏心   b.基础短柱与基础基座连接不牢

图6-10 温室基础短柱与基础基座连接的缺陷

6.3.4.3 实际地基条件

2010年5月温室工程施工之前，常州市基础工程公司对施工现场的地基进行了勘察，并出具了《花卉大棚2MWp薄膜太阳能电池并网电站建设工程（嘉泽基地）岩土工程勘察报告》。

以A座温室为例，地质勘察平面和剖面见图6-11。勘察结果表明，拟建场地内上部土层分布不均匀。从图6-11可见，中部区域为"暗塘区"，主要是近期回填土。从承载力剖面图看，1层为素填土，层厚0.20～1.6m，该层土力学性质差，要求基槽开挖时必须清除；1a层为填土，层厚1.20～3.30m，该层土力学性质差，基槽开

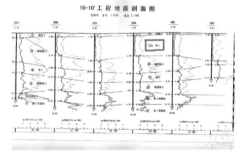

a.地基地质勘察剖面图

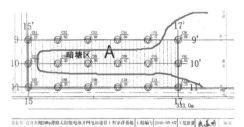

b.钻孔平面布置图

图6-11 A座温室地基地质勘察图

挖时也需清除；2层为粉质黏土，埋藏浅，层厚中等，中压缩性，工程力学性质中等，可作为拟建物较好的天然地基基础持力层，承载力特征值（f_{ak}）为180kPa。

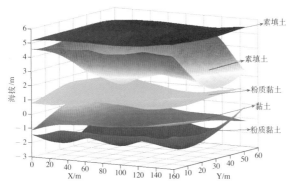

图6-12　A座温室地基结构分布图

6.3.4.4　基础埋深与地基承力层的关系

从建筑结构的安全角度考虑，一般建筑物的基础应该坐落在稳定的持力层上。本工程的温室建设，从地基中不可作为基础承力层的1a层的分布来看，A座温室建设区域四周浅、中间深（图6-12），层厚0.6～3.5m。而实际工程建造中，温室的基础埋深基本为0.48～0.76m，很多地方都还在1层，而没有坐到2层，基础埋深严重不足，远远没有坐落到2层粉质黏土持力层的位置。

结合温室倒塌的现场可以看出，温室整体上从四周向中间倾覆，正好切合了地基承载力周边大、中部小的现实。这充分说明，地基不均匀是造成A座温室倒塌的主要诱因。

6.3.5　节点与构造

6.3.5.1　温室中柱与基础短柱的连接

温室中柱与基础短柱采用单根地脚螺栓的连接方式（图6-13）。从理论上讲，这是一种完全的铰接连接。因A、B温室已经倒塌，在与A、B温室相邻且施工工艺完全一样的D温室内，随机看了天沟下一排室内立柱与独立基础的连接，发现超过一半的螺母没有拧紧，用手可随意拧动，个别螺母甚至没有拧到位或者用大规格螺母M12

代替M10螺母，此时螺母的存在已经没有任何意义（图6-14）。全部的地脚螺栓上都没有装配垫片。

图6-13　立柱与基础的连接钢筋　　a.螺母M12螺栓M10（D b.螺母没有安装到位（D
　　　　　　　　　　　　　　　　　温室内）　　　　　　温室内）

图6-14　螺母与地脚螺栓不匹配

《钢结构工程施工质量验收规范》（GB 50205—2001）第6.2.3条规定"永久性普通螺栓紧固应牢固、可靠，外露丝扣不应少于2扣。"

住房与城乡建设部颁布的《钢结构工程施工规范》（GB 50755—2012）第7.3.1条规定"……螺栓紧固应使被连接件接触面、螺栓头和螺母与构件表面密贴……"

对照上述国家标准可以看出现场施工基础与立柱之间螺栓连接存在很多施工缺陷。

A、B温室设计为单方向排水，沿天沟方向坡度1.5‰，常规做法采用的是通过调整基础短柱顶标高实现标高的变化。由于独立基础施工中标高控制精度不够，基础独立柱顶面与立柱底面之间存在间隙。为了弥补该间隙，施工中采用砂浆填塞的办法。从现场破坏情况看，在砂浆抹灰之前没有对混凝土短柱表面进行打毛处理，砂浆和混凝土基本没有结合力，而且不同位置砂浆层的厚度也有较大差异，最厚处发现有70mm（图6-15）。由于砂浆强度低，而且结合不牢，受压后首先破坏，并造成立柱失稳。

温室立柱与混凝土短柱连接不牢，基础短柱的混凝土强度不够，或立柱与基础短柱连接存在偏心等施工质量的原因，造成温室立柱与基础短柱连接失效，甚至完全脱离，在温室倒塌现场也时有发现（图6-16）。

图6-15　温室中柱与基础短柱的连接　　　图6-16　立柱与基础短柱连接失效

6.3.5.2　温室边柱与基础圈梁的连接

本工程温室边柱（包括山墙柱和侧墙柱）与基础圈梁的连接节点采用2套M10×90膨胀螺栓固定（图6-17）。从图中还可以看出，山墙立柱与基础圈梁连接时还有截面削弱的问题，这些都对立柱的传力形成一定的影响。

膨胀螺栓由膨胀螺栓套管和螺栓两部分组成，是依靠膨胀螺栓胀紧后与混凝土产生挤压力来抵抗外荷载的。

住房和城乡建设部《混凝土结构后锚固技术规程》（JGJ 145—2004）第4.1.3条强条规定："膨胀型锚栓和扩孔型锚栓不得用于受拉、边缘受剪、拉剪复合受力的结构构件及生命线工程非结构构件的后锚固连接。"而作为固结连接的立柱和基础圈梁连接点，肯定承受拉、压、弯等复合作用力。所以，从执行规范的角度看，用膨胀螺栓固定温室立柱与基础圈梁是不合适的。

另外，由于施工原因，基础圈梁顶部标高通过水泥砂浆抹灰层

图6-17　山墙柱　　　a.膨胀螺栓的长度　　　b.膨胀螺栓的实际承力深度

图6-18　膨胀螺栓的承力能力分析

调整，现场抹灰层薄厚不一，3～4cm常见，最厚处甚至达到5cm，膨胀螺栓规格为M10×90，除去螺母平垫圈弹性垫圈、螺纹外露部分、被紧固件厚度和抹灰层，真正在混凝土圈梁中的有效长度所剩无几（图6-18），连接节点强度大打折扣，形不成可靠的膨胀力，起不到锚固作用，以至于膨胀螺栓被拔出，混凝土和抹灰层呈碗状破坏，立柱作用无法真正传到圈梁（图6-19）。从破坏情况看，膨胀螺栓全部锈蚀，从另一个角度看，即使这种连接合理，也难以获得与钢结构20年同步的使用寿命。

现场的观察还看到，有的立柱与基础圈梁的连接是牢固的，但立柱的连接板焊接质量不达标，立柱与连接板开焊，造成立柱倒伏（图6-20）。从同一张图可以看出，连接立柱的螺母从膨胀螺栓上脱落，或是拉力太大造成脱丝，或是螺栓外露长度不够。总之，在这个节点上存在的隐患较多。

图6-19　膨胀螺栓同混凝土一起被拔出的情况　　图6-20　立柱与连接板焊口断裂

6.3.5.3　桁架与侧墙立柱连接

温室侧墙立柱与桁架连接中，3组M14（计算书为M12螺栓）螺栓横穿立柱，立柱有桁架一侧为16mm桁架侧板，立柱无桁架一侧则螺栓头直接紧贴立柱表面，因立柱板厚仅为3.0mm，立柱表面螺栓孔为Φ16mm，已经对立柱开孔处削弱，无垫圈时，螺栓头直接紧贴立柱表面，承压面积减小，不能有效分散应力，容易产生集中应力，发生局部变形，致使有的螺栓被拔出（图6-21）。

平垫圈功能是用来保护被连接件的表面不受螺母擦伤，增大与被连接件的接触面积，分散螺母对被连接件的压力，所以它必须是和设备（构件）接触的。普通螺栓和高强螺栓均要求有垫圈。

a.螺栓被拔出后螺栓头对立柱侧面形　　　　b.螺栓穿过立柱被拔出
　成的破坏

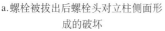

图6-21　桁架与侧墙立柱连接

普通紧固件连接施工工艺标准要求：普通螺栓作为永久性连接螺栓时，对一般的螺栓连接，螺栓头和螺母下面应放置平垫圈，以增大承压面积。

国家标准《钢结构工程施工规范》（GB 50755—2012）第7.3.2条规定"……螺栓头和螺母侧应分别放置平垫圈。"

农业行业标准《温室钢结构安装验收规范》（NY/T 1832—2009）第7.3.3条规定"连接用紧固标准件安装应牢固、可靠，普通螺栓作为永久性连接螺栓时，螺栓头和螺母下应放置平垫圈，每个螺栓一端不应垫两个以上垫圈，不应采用大螺母代替垫圈，螺栓拧紧后外露螺纹不应少于两个螺距。对于承压动荷载或重要部位的螺栓连接，应按设计要求放置弹簧垫圈，弹簧垫圈必须设置在螺母一侧。"

对照标准要求，施工安装中，一是垫圈安装不准确或不到位；二是立柱预留螺栓孔与螺栓不匹配，由此造成螺栓从立柱螺栓孔中被拔出。

6.3.5.4　桁架端板与上、下弦焊接节点

桁架端板分别与上、下弦焊接，由于桁架上、下弦材料为60mm×30mm×2.5mm矩形钢管，端板宽度为60mm，矩形钢管四边与端板焊接，其中两面为角焊，另两面只能采用平焊，难以判断焊缝是否焊透，可能无法保证每一个焊接节点的焊接质量达到设计要求。为保证此处节点加强，计算书中要求"the welded joints between the end plate and top and bottom chord members respectively have not been checked，this may necessitate the application of (large) gussets after all."也就是说，此处应加翼板（加强板、三角片）予以加强，桁架

设计图纸上也标示应加翼板。但从现场看，桁架上弦与端板焊接位置有翼板，下弦与端板焊接位置无翼板，因此此处变为桁架的一个相对薄弱环节，外力增大时端板可能会与下弦断开（图6-22）。

a.桁架下弦杆与端板断开　　　　b.国内常见节点做法

图6-22　桁架焊接缺陷

6.3.6　支撑布置

整个温室内应设置能独立构成空间稳定结构的支撑体系。支撑体系包括屋面横向水平支撑和柱间支撑，屋面水平支撑和柱间支撑是一个整体，共同保证结构的稳定，并将纵向水平荷载通过屋面水平支撑，经柱间支撑传至基础。为保证结构山墙所受纵向荷载的传递路线简短、快捷、稳定，柱间支撑与屋面横向水平支撑宜布置在同一开间，以组成几何不变体系。

从现场情况和设计图纸看，支撑布置在温室的中部区域，离两边较远，温室两端没有布置柱间支撑和屋面横向水平支撑，支撑布置不尽合理，无抗连续倒塌措施。

6.4　结论与建议

6.4.1　结论

通过以上分析，本技术分析报告得出如下结论：

（1）在19日2：00之前，温室实际雪荷载没有超过设计荷载；19日2：00—8：00，会有一个时刻实际的降雪量超过温室的设计雪荷载。然而，温室倒塌的具体时刻和倒塌时刻实际承受的雪荷载难以判定。

（2）温室基础施工不规范：①地基局部有暗塘区，且填土层较厚；基础设计与施工未考虑地基不均匀性；②基础未坐落到地基持力层；③温室基础混凝土强度未达到设计要求；④基础截面尺寸不满足设计要求；⑤基础与立柱的连接偏心、连接不牢。

（3）温室连接节点不合理：①温室立柱与独立基础连接存在偏心；②立柱与基础连接表面抹灰过厚且结合力不强；③不合理的膨胀螺栓连接立柱与基础；④膨胀螺栓在基础中的嵌入深度不够。

（4）温室采用的钢构件材料强度达到结构计算书要求。

（5）合同约定为可以具备加温功能的温室，温室内加温管道已安装完毕，但是锅炉房和室外供暖管线均未施工。

综上，本工程温室倒塌的主要诱因是地基不均匀、基础施工质量不合格，影响到温室结构承载能力，在雪荷载作用条件下，诱发局部立柱连接节点破坏，进而牵连、拉扯，造成温室整体破坏。

6.4.2 建议

（1）在原地恢复建设温室时，应重新勘察地基。因地基具有不均匀性，可相应采用换土、深埋基础或扩大基础底面积等措施。

（2）重新复核结构计算书，按照温室的实际结构形式和作用荷载，结合可获得的中国钢材的设计参数，合理确定温室结构用材。

（3）改进温室立柱与桁架、立柱与基础的连接方式，达到准确传力的要求。

（4）加强现场施工监理，尤其重视对隐蔽工程的监督和验收。

7 台风"威马逊"对海南省海口市温室造成损毁的成因分析及重建建议

2011年受海南省海口市农业局的委托，农业部规划设计研究院设施农业研究所承接了海口市连栋温室标准化设计的任务[1]。根据任务要求，以目标价格为约束，设计了6m和8m跨两种规格的连栋塑料温室，预算造价分别控制在6.6万元/亩和11.4万元/亩[2]，相应设计6m跨温室的设计风荷载分别为$0.25kN/m^2$（相当于8级风），8m跨温室的设计风荷载取$0.50kN/m^2$（相当于11级风）[3]。

2014年第9号台风"威马逊"于7月18日登陆海南省，使刚刚建设不久的温室设施遭受了严重的损毁。为了分析本次温室损毁的原因，为下一步温室的修复提出建议，也为了总结经验，为今后的温室设计提供有效的方法，农业部规划设计研究院设施农业研究所在台风过后即派工程技术人员到现场进行调研，并在现场调研的基础上提出了倒塌温室修复和未来新建温室的建议。

7.1 台风"威马逊"概况

2014年07月18日15时30分，本年第9号台风"威马逊"登陆海南省，登陆时中心附近最大风力为60m/s，中心最低气压为910百帕。受台风"威马逊"影响，17日12时至18日14时，海南等地降雨50～100mm。据监测，"威马逊"登陆前，陆地最大风力已经达74m/s，是近41年来登陆我国的最强台风。按照中国气象局2001年下发的《台风业务和服务规定》，风速达56.1～61.2m/s，即划为17

---

1 该标准化设计主要为设施农业补贴提供技术支持。
2 任务要求目标价格分别控制在6万元/亩和10万元/亩。
3 该设计风荷载已得到任务委托方的认可。

级台风，而"威马逊"已远远超过了17级台风的风速范围。

"威马逊"离开海南后，又先后登陆了广东和广西两省，给沿途地区的生产和生活都带来了巨大损失。

7.2 台风"威马逊"造成海南省设施农业损毁情况

根据海南省农业厅提供的数据，海南省瓜菜设施大棚8.69万亩，其中常年瓜菜面积2.68万亩，瓜菜大棚种植面积6.52万亩。

2014年第9号超强台风"威马逊"给海南省文昌、海口、琼海、定安、澄迈、临高等市县的温室大棚造成严重损毁。全省温室大棚损坏7 262亩，其中文昌2 136亩、海口2 108亩、澄迈500亩、临高941亩、儋州500亩、琼海120亩、屯昌200亩、万宁147亩、定安610亩，直接经济损失2.44亿元，给广大种植户造成了惨重的损失。

7.3 海口市标准化设计温室倒塌原因分析

可以肯定的是超强台风的风力超过了17级（相当于设计风荷载$2.25kN/m^2$），远远超过了任务委托要求的设计风荷载，温室大面积倒塌应在情理之中，但通过几个示范点的现场调研，也发现了不少施工和管理中的问题，值得总结，以便在今后的温室设计和施工中加以避免。

7.3.1 基础施工质量普遍较差

以8m跨连栋温室为例，出现的问题主要表现在以下几个方面。

（1）未按设计图纸施工 本工程由于甲方没有提供岩土勘察报告，图纸设计要求所有基础应保证一定埋深，并至少应挖到老土层，超挖部分用级配砂石碾压至基础底面，压实系数大于0.95。从倒塌温室现场看，温室基础实际施工普遍埋深较浅，深度达不到要求。图纸要求基础形式为"上小下大"，实际施工为"上大下小"，且形状不规则（图7-1），因此抗倾覆能力弱。

（2）施工方法不规范 钢筋混凝土基础正常施工应先支模板，再浇筑混凝土，等混凝土凝固后再分层回填、夯实，保证一定的压实系数。实际施工中基坑人工开挖，大小不一、形状不齐，并且以基坑为"模板"，直接向基坑内浇筑混凝土，致使每个基础的尺寸、埋深、形状、砼用量都不相同。

（3）忽视了温室基础的排水坡度　图纸要求基础应找坡，用于天沟排水，否则屋面会有积水，形成"水兜"。对塑料薄膜，由于其抗拉强度高、变形能力强，如果"水兜"中的积水不能及时排除，"水兜"中水会越积越多，由此造成温室结构额外的附加荷载，而且这种荷载分布很不均匀，对温室结构的安全承载带来非常不利的影响。实际施工中基础施工方法很粗糙，基础基本未做找坡，再者有的天沟用很薄的铁皮代替，这些都对温室屋面排水造成不利影响。

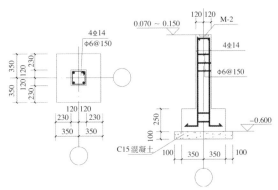

a.基础图纸要求（单位：mm）

b.云龙镇云阁村基础　c.文昌创立公司基础　d.天龙镇丰宁村基础　e.云龙镇云阁村基础
实景　　　　　　　　实景　　　　　　　　实景　　　　　　　　实景

图7-1　基础设计要求与实际施工情况对比

（4）混凝土标号达不到设计要求　混凝土为现场搅拌，根据现场倒塌情况及相关人员反映，混凝土标号大都达不到设计要求。

7.3.2　施工中随意变更设计和材料

建设过程中，各合作社提出各种修改需求，如变更材料、减少设备配置、改变做法。修改内容也不尽相同，但有一个共同点是：每个合作社修改都是要节约投资，而不是增加投资，实质上是以牺牲建设质量或降低运行性能为代价。此外，还发现有的温室钢构件焊接质量、镀锌质量较差，用薄铁皮当天沟使用，直接影响天沟的结构强度和使用寿命。

7.3.3 种植管理麻痹大意

海南省长期以来台风多发，台风来了，犹如"狼来了"，每年的台风让种植户司空见惯，种植户对台风侵袭没有保持高度警惕，多多少少会存在侥幸心理，而且拆膜费时费工，会产生一笔费用，温室内作物也将受损，因此在"保膜"还是"保棚"之间没有做出正确选择，最终舍不得拆膜却导致了棚塌。本次"威马逊"威力以及其带来的损失远超出了种植户的预期。

7.3.4 建设管理监管不到位

由于种种原因，温室造价压得过低，施工单位没有按图施工，对于总体工程，业主、施工单位、施工监理都没有好好把关。

7.4 对倒塌温室修复和重建的建议

7.4.1 现有温室修复建议

（1）现有基础不符合要求，基础需按图重新施工，保质保量。

（2）连栋温室整体倒塌，一部分钢结构件扭曲严重，不能再利用，但还有部分钢结构构件可以进行调整再次利用。

（3）建议增加室内支撑和室外斜拉钢索及地锚，平时不用时收起（因为可能影响室内外作业），台风来临前进行加固处理。

（4）建议温室内增加排水措施，有水能及时排出，以免形成内涝现象。

（5）合理使用压膜线，屋面拱杆间均应设置压膜线。

7.4.2 重建温室建议

（1）建设场地避开风口和低洼积水地带。

（2）建设面积不宜过大，跨度方向以3～4跨为宜，不宜超过5跨，开间方向控制在40m左右；温室之间间距不宜过小。

（3）增加斜拉钢索和地锚，提高抗风能力。

（4）必须保证场区排水顺畅，尤其在暴雨时要能将温室内雨水及时排出，绝对不得形成内涝现象，减少雨水对温室基础的不良影响。

（5）管理规范化。以服务"三农"为宗旨，专业设计、专业施工、专业监理。统一建设标准、统一采购主要原料，价格公开、透明化，对施工单位建立准入机制，改变补贴形式。

7.5　对海南省政府管理层面温室设施标准化建设和管理的建议

总结温室抗台风资料，结合本次调研，笔者提出海南今后设施农业发展应首先从规划着手，研究历年台风路径及其强度，提出海南设施农业的区划；其次应根据设施区划，研究不同等级的抗风温室，进行标准化设计，提出系列化的标准型温室，制定相应的设计标准；第三是针对海南省温室工程公司的技术条件和能力水平，制定温室加工、安装和验收的地方标准；最后应根据温室的抗风水平，研究提出温室抗台风的预警体系，针对不同强度的风力，提出不同类型温室在台风来临之前的加固和防护措施，并通过技术培训，宣传贯彻到全省各地的温室生产企业和农户。

建议通过政府主导，划拨科研经费，建立专家团队，充分调研，与海南省各级政府、农业管理部门、气象部门、示范园区、农场、专业合作社、当地科研院所、温室制造企业、监理单位充分沟通，根据海南省气候条件、种植工艺、地质情况、钢材及温室其他材料供应状况，分析现有各种温室的优缺点，总结经验教训，集思广益，设计满足种植需求、适合海南省经济发展条件和不同区域特点、造价适宜、施工方便、经久耐用的温室，为海南省设施农业发展提供技术保障。

修复改造 下篇

WENSHI
DAOTA YU XIUFU
GAIZAO ANLI JINGXUAN

8 日光温室钢骨架端部锈蚀后的加固与修复技术

钢骨架是日光温室承力结构中的核心构件。日光温室结构中90%以上都采用钢骨架，在现代轻简化组装结构中更是百分之百使用钢骨架。广义的钢骨架包括圆管钢骨架、椭圆管钢骨架、外卷边C形钢骨架，以及用圆管、钢筋、C形钢做弦杆组装或焊接而成的桁架，温室结构可以是全钢骨架，也可以是钢骨架与竹木骨架间隔布置的混合材料结构。钢骨架最大的特点是钢材韧性好、承载能力强，构件截面小、室内遮光少，经过热浸镀锌表面防腐后材料抗腐蚀能力强、使用寿命长，因此具有较高的性价比。但日光温室骨架所用钢管或型材均为薄壁材料，壁厚多在2mm以内，在高温高湿的温室室内环境中，一旦发生表面镀锌层破损，构件将会很快被腐蚀。事实上，造成温室钢结构腐蚀的因素除了高温高湿空气环境外，室内空气中的高CO_2浓度也是造成钢结构腐蚀的一个重要诱因。此外，钢骨架两端与墙体和基础部位由于接触到混凝土或土壤，在高盐和高水分环境中造成腐蚀的速度更快。

图8-1和图8-2分别为不同形式钢骨架与温室后墙顶面圈梁（梁垫）和前屋面骨架基础连接处骨架的腐蚀情况。由此可见，温室骨

a. 钢管桁架   b. 钢管－钢筋桁架   c. 内卷边C形钢

图8-1 不同形式钢骨架在温室后墙顶面圈梁（梁垫）连接处的腐蚀情况

架与混凝土基础或圈梁连接点是钢结构骨架遭受腐蚀的最薄弱部位。本文就如何避免该连接点钢构件腐蚀以及发生节点腐蚀后如何修复或加强骨架保证结构安全性的一些措施和方法做一综合梳理，可供温室设计和建设者借鉴和参考。

a.钢管桁架　　　　　　　　b.椭圆管　　　　　　　　c.外卷边C形钢

图8-2　不同形式钢骨架在温室前屋面基础表面连接处的腐蚀情况

8.1　立柱加固法

立柱加固法就是在温室骨架下附加立柱，用立柱部分或全部替代墙体或基础来支撑整个屋面结构。从立柱设置的持久性来分，有临时立柱和永久立柱两种，前者主要设置在温室屋面骨架的中部（或中前部），后者则主要设置在温室屋面骨架的两端。

8.1.1　前屋面骨架中部临时立柱加固法

临时立柱可设置在骨架的任何部位，一般设置在骨架变形较大部位或前屋面骨架的中部，可以是单根柱，也可以是多根柱（图8-3）；所用材料可就地取材，可以是圆木（图8-3a），但更多使用的是钢管；立柱可以是单管直立（图8-3a）、斜立（图8-3b），也可以是双管交叉支撑（图8-3c）；立柱可以按照一定的间距规则设置，也可以根据前屋面骨架的变形情况在变形大的拱杆下局部设置。总之，

a.单根木立柱　　　　　　　b.单根钢管立柱　　　　　　c.双根倾斜交叉钢管立柱

图8-3　设置临时立柱

临时立柱设置具有较大的随机性，一是设置的方式可以是随机的；二是设置的时间也可以是随机的，一般在下大雪或刮大风预警时临时设置，风雪过后为便于作业在保证结构不变形的情况下也可将其拆除。

临时立柱对骨架的支撑方式也有多种形式（图8-4）。有的是将立柱直接支撑在前屋面骨架（图8-4a），但更多的是支撑在连接前屋面骨架的纵向系杆上（图8-4b、c）。前者可以精准支撑变形骨架，但对温室整体屋面的支撑作用小；后者则可以在更大的屋面范围内起到支撑骨架的作用，立柱用量少，但支撑作用影响面大。

立柱支撑屋面纵向系杆的连接方式有直接连接（图8-4b）和通过过渡连接件连接（图8-4c）两种。前者纵向系杆支撑点局部应力较大，而采用柱顶槽钢（或半圆管、C形钢、钢板折板等）支撑纵向系杆后可以有效分散支撑点的应力，更有利于提高结构的整体承载能力。

a.直接支撑在骨　　b.直接支撑在纵向系杆上　　c.焊接柱顶槽钢支撑纵向系杆
　架上

图8-4　临时支柱在骨架上的支撑点及支撑方式

8.1.2　屋面骨架端部永久固定立柱加固法

在屋面骨架的中部或中前部设置临时立柱，主要是为了避免由于结构的整体强度不足造成骨架过大变形或失效，这种临时加固方法如果用于加固因骨架两端的锈蚀而可能造成的屋面结构失效或倒塌，则临时加固立柱变成了不可拆除的支柱，实际上也就变为了永久加固立柱。

对于屋面骨架整体承载能力能够满足结构承载要求，而仅由于两端的锈蚀使结构失效或有失效危险时，通常采用骨架两端设置固定立柱的永久加固方法。

永久固定立柱根据立柱的长短可分为两类：①下端支撑在地面基础上的长立柱（图8-5、图8-6）；②下端支撑在墙面或通过过渡件支撑在墙面或地面的短立柱（图8-7至图8-9）。按照立柱支撑的位置来分，可分为前立柱和后立柱。前立柱设置在屋面骨架的前部基础内侧，支撑前屋面骨架的前端；后立柱设置在温室后墙内侧，支撑后屋面骨架的后端。长立柱一般支撑后屋面端部，而短立柱则可能是支撑骨架前屋面端部或后屋面端部。设置两端立柱后，原屋面骨架可以完全脱离后墙和基础，从而有效解决了骨架两端由于锈蚀而无法将骨架内力传递到墙体或基础的问题。

8.1.2.1 长立柱

设置长立柱时，立柱与拱架可以一一对应（图8-5），但为了减少立柱的数量（目的是节约成本，或更多是为了便于室内作业），立柱与屋面骨架多不采用一一对应的支撑形式，而是采用柱顶梁的过渡支撑方法，立柱支撑柱顶梁，柱顶梁再支撑屋面骨架。其中柱顶梁的形式有通长的横梁（图8-6b）和断续的支撑杆（图8-6c）两种形式。柱顶梁用材可以是钢管或角钢，立柱材料多用圆钢管，但也有使用原木材料的（图8-5）。

柱顶梁与屋面骨架以及与立柱的连接大都采用直接焊接的方式。这种施工方式现场作业方便，也具

图8-5　原木长立柱与骨架——对应支撑

a.立柱支撑骨架端部整体情况　b.立柱支撑横梁，横梁支撑　c.立柱支撑短杆，短杆支撑
　　　　　　　　　　　　　　　　骨架　　　　　　　　　　　　骨架

图8-6　钢管长立柱支撑骨架端部

有较大的灵活性，尤其适合于骨架锈蚀不规则，甚至在安装和运行过程发生位置偏差的情况。柱顶梁与屋面骨架连接时，要求焊接点位置离开骨架锈蚀位置一定距离，焊接后应除去焊渣并对焊接节点进行防腐处理。在未来的研究中应积极开发系列化的组装卡具，以彻底解决现场焊接破坏构件表面镀锌层的问题。

长立柱下部的固定一般采用独立基础（图8-6a），为避免立柱基部积水，要求基础表面应高出温室地面。

8.1.2.2 短立柱

与长立柱设置不同，短立柱设置基本与屋面骨架一一对应，立柱与骨架的连接可以与长立柱一样通过柱顶横梁连接（图8-7），但更多是直接与屋面骨架连接（图8-8、图8-9）。根据屋面骨架的型材不同，短立柱材料可以是圆管（图8-8a）、方管（图8-8b、c），甚至是钢筋（图8-7、图8-9）。短柱的长度应尽量短，以满足两端稳定支撑为原则。

图8-7 短柱通过柱顶横梁与骨架连接

短柱上部与屋面骨架相连接，可以是焊接，也可以是栓接，对改造工程而言，焊接居多。短柱下部的固定有两种方法：①独立分散地将短柱直接固定在温室后墙面上（图8-8a、图8-9c），即在温室的后墙面上短柱下端所在位置安装一块钢板或角钢（可以用膨胀螺栓固定，也可以在墙内打入长钢筋来固定），将短柱的柱脚焊接在该固定钢件上；②将所有的短柱统一固定在柱脚下部沿温室长度方

a.圆管短柱支撑在后墙   b.方管短柱支撑在后墙水平   c.方管短柱支撑在地面横梁上
横梁上

图8-8 钢管短柱直接支撑骨架端部

向通长设置的横梁上，该横梁可以是钢筋（图8-7）、方管（图8-8b、c），或是角钢（图8-9a）。短柱用于支撑后屋面骨架时，横梁设置在后墙内表面（图8-8b、图8-9a）；短柱用于支撑前屋面骨架时，横梁设置在温室地面上（图8-8c）。横梁在温室后墙面上的固定可以采用长钢钉将其钉挂在墙面上（图8-8b），也可以在墙面上先固定钢板件，然后用角钢片支撑横梁，并将其与钢板片焊接在一起。用于支撑前屋面骨架短柱的横梁，如果地面为混凝土，可直接铺卧在温室地面上（图8-8c）；如果地面为自然土壤，则应在横梁下间隔一定距离设置混凝土独立基础。在独立基础上预埋连接件，将横梁与基础埋件相连接。

由于骨架的腐蚀都发生在与墙面或基础接触的位置，所以用短柱加固屋面骨架时，短柱的上端总要离开骨架基部一定距离，这样从外表看短柱在竖直方向都会有一定倾斜角度，一般与竖直线的夹角在5°～10°。从传力的角度分析，短立柱与骨架之间的夹角应尽可能小，以最大限度减少拱架与短立柱连接点的弯矩；此外，短立柱的长度应尽可能短，以减小短立柱自身的内部弯矩。

采用钢筋做短柱时，由于钢筋截面小、承压能力差，一般是在骨架的两侧设置双根钢筋进行加固（图8-9）或加大钢筋的截面（图8-7）。钢筋立柱的下端可支撑在通长的钢筋或角钢上，为节约钢材，支撑角钢也可以是断续的构件（图8-9c）。短立柱上部与骨架的连接基本采用焊接。焊接虽然施工方便，但焊点的防锈工作量很大，防锈工作不到位将直接影响骨架的使用寿命。

a.短柱支撑在后墙梁上（整体）　b.短柱支撑在后　　　c.短柱支撑在角铁板上
　　　　　　　　　　　　　　　　　墙梁上（局部）

图8-9　用双钢筋做短立柱支撑骨架端部

8.2　更换骨架法

更换骨架法就是用全新的骨架去替换腐烂的骨架，实际上是对骨架的全面翻新。具体实践中，骨架翻新的方法有两种。

（1）保留原骨架在相邻两根原骨架之间增设新骨架　这种做法新旧骨架的外形尺寸完全相同（图8-10），由此也就完全保留了原温室的温光和结构性能。这种做法的优点是节省了拆除旧骨架的成本，但缺点也很明显，就是温室屋面骨架数量翻倍，骨架的遮光面积也同时翻倍，此外旧骨架由于表面锈蚀，容易引起屋面覆盖塑料薄膜表面老化或破损，因此，在经济条件允许的条件下应尽可能拆除旧骨架。

（2）拆除老旧骨架，用全新的骨架代替老旧骨架　由于老旧骨架温室设计和建设的时代比较久远，受建设时期温室研究和设计水平的限制，温室的温光性能较现代温室有一定差距，因此，新更换温室骨架实际上是对老旧温室的一种全新改造，不仅要更换温室骨架，而且可能要提高后墙高度或者加大温室跨度，对温室的脊高和后屋面长度等设计参数都会根据最新的研究成果进行重新设计，因此也将大大提高温室的温光性能。值得注意的是由于老旧温室改造基本不会改变原温室的位置，所以在加大温室跨度、提高温室后墙高度或脊高时一定要准确测算前栋温室对后栋温室的遮光，确保种植作物在种植季节所要求的光照时间。

a.外景　　　　　　　　　　　　b.内景

图8-10　保留旧骨架增设新骨架

8.3　节点修复法

节点修复法就是对锈蚀的节点进行局部处理，以恢复其原有功能。由于锈蚀杆件完全失去了结构的承载能力，修复节点也就是要将这些锈蚀的杆件局部进行功能性更换。这种功能性更换的方法包括完全切除构件的腐蚀部位并在原位更换同规格的新构件，以及保留原锈蚀构件另外增设新的构件或构造措施与原构件非锈蚀部位相连接的方法。

实践中，切除锈蚀部位并用新的构件替代锈蚀部位的做法称为"断肢再生"法（图8-11a）。具体施工方法就是切除锈蚀部位，用相同规格的构件焊接到原骨架的切口即可。这种做法对前屋面骨架只要揭开塑料薄膜即可施工改造，但对于后屋面骨架则需要整体拆除温室后屋面，施工工程量较大，但更换的效果应该最好。为了解决更换骨架锈蚀部位需要拆除温室屋面的问题，实践中大都是保留原骨架而在骨架锈蚀部位进行局部功能性更换。

a."断肢再生"法　　　　b."原路搭桥"法　　　　c."旁路搭桥"法

图8-11　局部更换或替代腐蚀骨架

与"断肢再生"法相类似的功能性更换方法包括"原路搭桥"法（图8-11b）和"旁路搭桥"法（图8-11c）。"原路搭桥"法是在原骨架锈蚀构件旁侧并行焊接一根同规格的新构件，而"旁路搭桥"法则新构件的设置位置和方向不受锈蚀原构件的约束，根据温室具体可承载位置确定，生产中更具有操作上的灵活性，但结构的传力效果远不及"原路搭桥"法。

对于锈蚀范围不大的骨架，可不必进行构件大范围的功能性更换，只要在节点局部进行加强即可实现对锈蚀部位构件功能的替代。这些做法包括如同"原路搭桥"法类似的并联钢管加强法（图8-12a）、焊接单支角钢加强法（图8-12b）和焊接多支角钢加强法（图8-12c），或许还有更多的方法。这些方法最大的好处是不必拆除或切断原有构件，因而工程改造的工程量小、费用较低，但由于改造节点基本都是焊接处理，所以对焊接后焊点的表面防护将非常重要，如果对焊点不进行表面防护，改造节点将很快锈蚀，重蹈覆辙。

 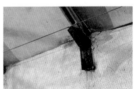 

a.并联钢管加强　　　　　　b.焊接单支角钢加强　　　　　c.焊接多支角钢加强

图8-12　骨架锈蚀端部局部加强法

8.4　避免骨架基部锈蚀的方法

从骨架锈蚀的机制分析，造成骨架锈蚀的原因：①骨架基部集聚了大量冷凝水，使金属构件长期处于潮湿环境；②骨架基部与混凝土或土壤接触，其中的盐分对金属构件形成腐蚀。为了避免骨架基部的腐蚀环境，实践中，有人在骨架基部涂刷沥青等疏水性表面保护涂层（图8-13a），使金属构件表面远离水膜侵蚀；也有人在骨架设计中采用钢筋混凝土短柱做基础，将其伸出地面一定高度后与屋面骨架绑扎连接（图8-13b），这种做法可将屋面骨架的金属构件完全脱离地面土壤，骨架与混凝土短柱之间的连接不是直接连接而是采用绑扎连接，从而显著减小了二者之间的接触表面，进而有效降低了金属构件被腐蚀的概率，使温室骨架得到有效保护。尤其是让骨架脱离了潮湿的环境，这是保护骨架不被锈蚀的核心要因。

在温室设计和运行管理中应尽量用保护的方法来减少甚至完全克服温室骨架由于锈蚀而造成的结构失效和二次维修，为温室结构的安全运营提供可靠保障。

a.基部刷沥青　　　　b.基部用混凝土柱

图8-13　骨架基部的保护措施

9 一种更新骨架锈蚀节点翻新后屋面和墙体的日光温室改造方案

本案例来自北京市昌平区的四季青山有机农业园。园区占地面积近300亩，建设有120栋日光温室，目前主要生产草莓和各类蔬菜。整个园区分东、西两个片区，两个片区的温室均为统一规格的双层砖墙内夹保温板的结构形式，温室跨度8m，脊高3.3m，后墙高2.25m。目前已经改造和正在改造的温室有10多栋。

9.1 改造前温室的现状

改造温室建设于2008年，是北京市政府引导大规模集中建设日光温室中首批建造的温室，已经运行了10多年。从使用时间看，温室差不多到了设计使用寿命，确实需要改造翻新了。事实上，从北京市2008—2012年政府补贴建设的这批日光温室看，总体建设质量不高，普遍存在更新改造的需求。

就该园区目前现存温室看，包括温室后墙、温室后屋面以及温室骨架都出现了不同程度的变形或锈蚀，存在严重的安全隐患，翻新改造已是迫在眉睫。

首先从墙体看，温室后墙为双层240mm厚砖墙内夹聚苯板保温层的三层复合墙体（图9-1）。由于墙体基础不均匀沉降以及内外两层墙体之间缺少拉结（双层墙体完全是两层独立的墙体），温室的外层墙体发生严重变形，生产中为了安全，温室管理者几年前已经在后墙外砌筑了间隔不等的砖跺（图9-2），用于抵御后墙向外的倾覆。既是如此，后墙倒塌的危险仍然随时存在。

图9-1 温室后墙结构

再来看温室的屋面，从破坏后屋面的剖面看，温室后屋面的做法从内向外依次为聚苯板保温层→炉灰渣填充层→水泥砂浆罩面防水层（图9-3a）。从室内看温室后屋面，可以明显地看到后屋面的聚苯板保温层向下滑移（图9-3b），造成温室屋脊处保温聚苯板与屋脊梁压板脱离（图9-3c）。

图9-2　温室后墙砌筑墙垛支撑后墙

可以直观地推断，这种破坏是由于后墙的外层墙体下沉或向外位移牵动温室屋面保温板位移而造成的。后屋面板滑移，造成温室后屋面出现裂缝，因此除了安全因素外，保温、防水的问题也已经成为急需解决的问题。

a.后屋面构造　　　　b.后屋面保温板滑移　　　c.后屋面保温板脱离屋脊

图9-3　温室后屋面的构造与变形

从温室骨架看，在骨架的端部与后墙圈梁相接触的地方已经发生严重锈蚀（图9-4）。这种锈蚀将直接导致温室骨架承载失效，严重的在遇到恶劣天气条件时随时都可能引起温室前屋面坍塌。此外，从翻修温室的现场还可以看到温室后屋面上支撑和固定保温聚苯板的角钢和扁钢也都发生了严重锈蚀，有的已经断裂（图9-5a），有的完全锈蚀（图9-5b），已经失去了其支撑和承载的能力。可以看出，这些钢构件在建设时防锈问题就没有得到良好处理，在长期的使用过程中，温室内高温高湿更加速了这些钢构件的锈蚀。此外，钢构件与混凝土长期接触，水泥对钢构件的腐蚀作用也不可忽视。由此，

图9-4　温室骨架端部的锈蚀情况

也再次提醒我们，在温室建设中对所有钢构件均应做好防腐处理，对于预埋在钢筋混凝土中的钢构件，要么对混凝土圈梁中使用的水泥选择腐蚀性小的品种，要么对埋入圈梁中的钢构件进行局部加强防腐处理。从使用效果看，目前的热浸镀锌仍然是钢构件表面防腐的一种比较理想的方法。

a.暴露在温室内的构件锈蚀断裂　　　b.埋设在屋面内的构件整体锈蚀

图9-5　支撑后屋面保温板铁件的锈蚀情况

9.2　温室骨架的改造方法

温室骨架除了与后墙连接处发生严重锈蚀外，其他部位也有不同程度的锈蚀。但考虑到更换全部骨架的费用问题，园区生产者还是选择了一种过渡性的改造方案，即加固局部节点，保留骨架整体。

事实上，日光温室骨架在墙体上固定处的锈蚀问题是一个普遍问题。本工程温室改造中采用了局部替代的方法，用一段约50cm长的热浸镀锌钢管焊接在温室的骨架端部更换腐蚀部位的钢管，使骨架的内力通过新的替代钢管传递到温室墙体（图9-6）。实践中采用了两种方法，一种是截去骨架端部锈蚀的部分，用同种规格的镀锌钢管替代后再重新对接焊接到受力骨架上（图9-6a），称为"断肢再生"法，这种做法不改变骨架原有的设计传力模式，结构承力的安全性较高，也更适合于翻新屋面的改造温室；另一种是保留原有已锈蚀的骨架，在骨架的端部重新焊接一根新的钢管，称为"搭桥"法，其中有沿原骨架位置平行焊接的（图9-6b），称为"原路搭桥"法，也有在骨架上下弦杆间焊接的（图9-6c），称为"旁路搭桥"法，这种做法可能会改变原设计骨架的传力路径，有一定的安全隐患，尤其是"旁路搭桥"法安全隐患更大，这种方法更适合于不翻新温室屋面的温室骨架加固。不截断或去除原有腐蚀的局部钢管，可节约改造用工，降低改造成本，虽然会影响温室结构的美观性，但不会影响温室结构的使用性能，所以，在实际生产中还是一种可接受的方案。

a."断肢再生"法　　　　b."原路搭桥"法　　　　c."旁路搭桥"法

图9-6　温室骨架局部加固的方法

本改造工程没有对骨架在温室前沿部位进行局部改造，对骨架的整体结构也没有改动，只是对局部进行了防锈处理，这里不再赘述。

9.3　温室墙体的改造方法

温室后墙由于外层沉降和变形严重，改造中将其彻底拆除，包括在温室后墙外临时砌筑的墙垛也一并拆除。由于温室后墙的内层结构基本完好，在本次改造中完全保留了内层墙体。事实上，墙体改造过程中，两层墙体之间的保温层也进行了更换。从保留墙体内层结构的角度看，这种温室改造还不能称之为完全的拆除并更新后墙的日光温室改造方案。

施工中，首先拆除温室墙体的外层结构，重新夯实和平整墙体地基（图9-7a），然后按照原设计方案重新砌筑后墙（重新砌筑的后墙如图9-7b)，并在新旧两层墙体之间填塞聚苯板保温层（图9-7c）。这种改造方案完全保留了原设计方案，包括温室的总体尺寸和建筑构造。

a.清理外墙地基　　　　b.重新砌筑外墙　　　　c.翻修后的外墙结构

图9-7　后墙改造方法

由此也可以推断，这种温室的性能也基本保持了原有温室的性能。

　　需要指出的是，在后墙改造的过程中，由于拆除了外层墙体，温室结构的所有荷载将全部支撑在温室的内层墙体结构上。为了结构的安全以及施工过程中施工的安全，应对温室保留内墙进行局部支撑或加固。另外，为了避免施工过程中雨水将温室墙体内层结构淋湿，影响温室墙体的保温，施

图9-8　施工过程中对墙体的支撑和保护

工中采用塑料薄膜等防水材料包裹墙体的外表面（图9-8）。

　　由于施工过程主要在温室外作业，基本不影响温室内的生产，所以该温室在改造过程中温室内的种植还在正常进行。园区管理者选择在4月份的季节改造温室，估计是考虑到这个时间北京室外的温度夜间不会太低，即使是单层的墙体甚至是短时间拆除后屋面也不会影响温室内的温度。从这个角度看，选择在4—5月份进行温室改造，可以达到温室改造与温室生产两不误的目的。

　　从温室改造的效果看，虽然完全地将温室后墙中存在安全隐患的外层结构进行了成功更换，但由于墙体内外两层结构缺少相互的拉结，墙体结构还是"两张皮"结构，整体承载能力仍然不足。所以，这也是一种不彻底的改造方案，过渡使用3～5年可能没有问题，但正常使用8～10年或许还存在隐患。对于双层夹心墙体的改造，笔者建议最好还是能够在两层墙体之间形成拉结，这种拉结可以是砖拉结，也可以是钢筋拉结（或许钢筋拉结的方案在本改造方案中更具操作性）。

　　从最新日光温室墙体保温的研究理论看，三层结构中间保温的建设方案已经是一种过时的建设方案。从保温储热的角度看，内层墙体为储热放热层，中间的保温层主要阻止内层墙体内热量的外传，两层结构已经完全能够实现温室墙体被动储放热和保温隔热的功能了，而且内层结构为承力结构，温室的结构安全也能得到保证，所

以，外层砖墙的功能似乎只剩下围护中间保温层的作用了。根据日光温室墙体被动储放热理论研究成果，对类似温室的墙体改造，可以直接在温室内墙外侧外贴保温板，并将保温板的外表面做防水处理即可。这样可大大节省建筑材料和建筑用工，从而降低改造成本。当然，如果经过计算校核认为240mm厚的内层砖墙承载能力不够，一是可以将240mm厚砖墙加厚到370mm或490mm，并用钢筋拉结将其形成一体化承力体；二是可以在内墙内侧增设壁柱来提高内墙的承载能力。这种方案无论是结构的承载能力还是温室的保温性能都将得到显著提升。

9.4　后屋面的改造方法

由于温室后屋面的保温板随着温室后墙外层结构的位移而发生滑动，该温室改造必须整体更换温室屋面。施工中更换屋面和加固温室骨架是同步完成的。

温室后屋面改造的过程为首先拆除温室后屋面，露出所有温室后屋面拱架。为了保证施工的安全，在拆除后屋面之前应对温室骨架进行加固或支撑（图9-9a）。拆除后屋面后，将所有温室拱架在后墙支撑点锈蚀的钢管切除，采用"断肢再生"法用同样规格的镀锌钢管更换锈蚀部位钢管，并将其端部焊接到预埋在温室后墙的角钢上（图9-9b）。待所有温室拱架全部改造完成后，再在拱架上沿温室后屋面坡度方向（温室跨度方向）布置数道沿温室长度方向的屋面支撑（至少4道，包括屋脊部位专用压条1道、骨架与墙体交接处角钢1道、中间扁钢2道），所有屋面支撑构件都应该进行热浸镀锌表面防腐（图9-9c）。

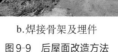

| a.架设骨架安全支柱 | b.焊接骨架及埋件 | c.焊接屋面支撑 |

图9-9　后屋面改造方法

在改造温室后屋面的过程中，考虑到原来使用的保温板密度小、强度低，且在拆除的过程中有大量损坏（图9-10a），更新温室后屋面时更换了新的屋面保温板（图9-10b），一是增加了保温板的密度，从而提高了保温板的强度；二是加强了保温板的表面防护，将原来的水泥砂浆表面防护改变成为挂网后白水泥罩面，不仅增强了保温板的表面防护，而且白色还能反射照射到其表面的太阳辐射，增加室内种植作物的光照强度和光照均匀度（图9-10c），应该说这种改造是成功的，是一种类似改造工程中可以推广应用的技术。

a.原有旧保温板　　　　b.新保温板　　　　c.更新保温板后的温室屋面

图9-10　保温板更新

除了更换后屋面保温板之外，温室后屋面改造中考虑到原来设计找平层中使用的炉渣材料目前在北京市场基本没有原料供应，所以，在改造施工中用水泥砂浆直接对保温板进行勾缝后罩面，一是增强后屋面保温板的密封性，二是增强后屋面的表面强度，保证屋面上人员操作的安全性。

9.5　结语

通过本工程的改造，从表面上看温室结构已经焕然一新（图9-11），温室内种植的作物也生机盎然，可以说是一种成功的改造，但从生产和技术发展的角度看，这种温室改造方案仍然存在很大的局限性：一是温室的主要建筑做法完全沿用了原设计温室

图9-11　改造后的温室室内整体面貌

的做法，没有改进就没有温室性能的提升；二是保留骨架实际上是保留了原温室的总体建筑尺寸和采光性能，这种改造只能提高温室结构的安全性，但对温室的温光性能提升影响不大；三是保留骨架虽然在一定程度上节约了温室的改造费用，但总体费用仍然不低。粗略估算，这种方案改造的成本每栋温室约4.5万元（表9-1，温室长100m，单栋温室面积约800m²），按照温室单位面积计算，改造成本约为54元/m²。如果考虑温室改造由专业施工队施工，改造费用中至少还应增加企业利润和管理成本，按成本价的50%计算，改造总费用将为81元/m²，折合每亩造价5.4万元。如果改造中更换温室骨架，并适当加高温室墙体，增强温室保温性能，或许多投资3万～5万元，但温室的整体性能和使用寿命将会得到大大提升，温室改造的性价比将会显著提高。

表9-1　改造温室成本估算

项目	数量	单价（元）	合计（元）
材料费			
换后坡板（m²）	180	36	6 480
防水布（丙纶）（m²）	240	10	2 400
胶（桶）	12	50	600
保温板（聚苯板）（m²）	400	15	6 000
水泥（t）	10	280	2 800
沙子（车）	10	650	6 500
施工费（工日）			
拆墙清理砖块	30	200	6 000
砌墙	20	200	4 000
找平层	10	200	2 000

（续）

项目	数量	单价（元）	合计（元）
水泥屋面	10	200	2 000
后墙抹灰	10	200	2 000
焊接后屋面拱架	8	300	2 400
合计			43 180

注：①表中没有计算焊接的钢管、焊条以及后屋面上更换的角钢、扁钢等材料。
②表中费用没有计算利润、税金等财务和管理费用。

由于受温室生产者投资能力的局限，这种改造方案看似是一种节约资源、保护生态的做法（保留骨架、复用砖石），但也确实是一种性价比不高的改造方案，或许也是温室生产者经济实力不够而面对现实的一种无奈，又或许是温室生产者没有找到更优化的温室改造方案。建议北京市政府针对2008—2012年政府补贴建设的日光温室进行一次大普查，以提升性能和保证结构安全性为目标，形成一次性整改的技术方案，对整改温室采用奖补政策，按照提升性能、保障10年以上使用寿命改造的温室，通过专家验收后可给予政策性补助，以鼓励温室生产者将温室改造能一次到位，彻底解决管理和生产中的后顾之忧。从整体效益讲，优化的温室改造方案也将会具有更好的社会和生态效益。

10 一种机打土墙结构日光温室修补墙体、更新骨架的改造方案

2018年10月15日下午，笔者来到北京市怀柔区庙城镇的三山有机农场，看到这里正在更新屋面结构中的一种机打土墙结构日光温室。

在笔者个人的定式思维中一直有一种理念，就是机打土墙日光温室在北京市应该是属于落后和淘汰的一种温室类型，无论是农户还是企业都不应过多投资去维修或改造这种类型的温室，政府更不应该补贴鼓励这种类型温室的改造。主要理由：一是这种温室在建造墙体时就地挖土破坏了原始耕地的耕作层，给未来土地的恢复带来很大困难，是一种生态不友好的建筑形式，国家政策也三令五申提出设施农业建设不应破坏土地的耕作层，不符合现代温室未来发展的方向；二是机打土墙结构日光温室墙体结构松软、防水性能差、使用寿命短，与屋面镀锌钢架承力结构无法达到同步寿命；三是机打土墙结构日光温室由于取土打墙，温室地面下沉，场区排水困难，无论是2018年山东寿光的"8·20"水灾，还是北京市2012年的"7·21"水灾，都从实践证明，这种结构形式的温室很容易遭受水涝灾害；四是从北京市的经济水平和环境保护的角度看，机打土墙结构日光温室也不会是北京未来的发展主流；类似的理由可能还有很多。

但看过三山农场的温室改造现场，又将笔者的"理性思维"拉回到了现实生产中。的确，从整个行业看目前设施农业生产的效益还不是非常令人满意，设施种植比较效益每况愈下的大局已经不可逆转，每个种植者都绞尽脑汁、想方设法在建设和生产的每个环节上寻找开源节支的途径，很多种植者甚至都舍不得将温室建设和改造的任务交给专业化的温室企业（其中或许也有温室生产者自我感觉自己的改造方案最科学的一种传统），而是自己动手、自力更生修

补和改造老旧温室。从这个角度出发，笔者也慢慢理解了三山农场的管理者为什么还要执着地去改造机打土墙结构日光温室的缘由了。这或许也是一种无奈，毕竟机打土墙结构日光温室保温蓄热性能好的特性目前还没有更好的替代者，而且推倒土墙温室、新建砖墙复合保温墙体日光温室的造价确实也太高。

下面详细介绍这栋温室的改造情况。

10.1 改造前的温室状况与改造需求

改造前，该温室是一种典型的下挖式机打土墙结构日光温室（图10-1）。从外形看，温室屋面低矮、平缓（图10-1a），屋面的排水和温光性能与现代温室相比肯定有很大差距；从承力结构看，温室采用竹皮材料做屋面拱架、钢筋混凝土立柱支撑竹皮，与传统的琴弦式结构相比，其结构承载能力更弱，竹皮的使用寿命也很短，从现场看，竹皮已经基本散失了结构承载的能力（图10-1b）；从温室的后屋面材料看（图10-1c），用塑料薄膜包裹的秸秆保温材料基本腐烂，已经完全散失了保温的能力。

a.外景　　　　　　　　b.温室结构　　　　　　　c.温室后屋面

图10-1　改造前的温室

从保证结构安全和提高温室温光性能的角度分析，该温室确实已经达到了需要改造的使用期限。更换温室骨架、改造温室后屋面已经迫在眉睫。另外，从改造现场看，温室的墙体局部塌落也是这次温室改造所要解决的主要问题之一。

10.2 温室墙体修补

机打土墙温室结构，由于建造过程中压实密度不够、土质黏性差、屋面漏水、表面防护不到位等原因，很容易出现局部或整体表面坍塌的情况。如何修复剥落甚至局部坍塌的墙面，2018年"8·20"山东寿光水灾后当地的老百姓想出了很多办法，这一次走进三山农场看到了另一种别样的修补方法，看上去表面防护效果还不错，借此机会也推荐给大家，权当是对寿光温室后墙修补方法的一种补充。

这种修补方法采用一种黑色塑胶布对墙体剥落或坍塌部位的内表面做整体防护（图10-2），既可阻挡墙体表面土体脱落，又能大量吸收太阳辐射，便于墙体白天储热、夜间放热。

为了能长久固定防护塑胶布，该方法采用钢桩结合表面双层护网的固定技术，首先在塑胶布的外表面平压一层小网格的镀锌钢丝网，保持塑胶布平整并紧贴温室墙面，再在钢丝网的外侧用钢筋做成1m×1m见方网格（视情况也可以局部加密）的钢筋网防护钢丝网和塑胶布，最后用钢管将钢筋网、钢丝网和塑胶布钉挂在温室的内墙表面。这种方法由于塑胶布和钢丝网都具有平面柔韧性好的特点，能很好地适应凹凸不平的土墙墙面；向机打土墙中钉入钢管施工容易，而且钉入深度足够时对塑胶布的固定牢固，应该说这是修补机打土墙的一种有效方法。美中不足的可能是钢管突出墙体表面，不够美观，钢筋和钢管如能采用热浸镀锌进行表面防腐处理将会更有效地增加墙体的使用寿命。

a.大面积修补　　　　　　　　　b.局部修补

图10-2　温室墙体修补的方法

10.3　温室屋面骨架更新

该温室屋面骨架更新的做法没有像传统日光温室屋面骨架采用

圈梁或基础埋件固定骨架的方法，而是采用了一种类似桩基的支撑方法。骨架的两端分别连接在桩基支撑的横梁上，彻底摆脱了骨架基础的土建工程。施工时，首先在温室前基和后墙上用锤击的方法插入基础桩（图10-3a），再在基础桩的顶面焊接沿温室长度方向布置的水平横梁，最后将温室的屋面承力骨架安装在该横梁上（图10-3b），即完成温室屋面骨架的安装。改造温室的屋面承力骨架采用当前比较流行且轻盈的矩形单管骨架。为了增强骨架的承载能力，在温室的屋脊部位还增设一根附加弦杆（图10-3c），这也是单管骨架中常用的一种方法。

a.温室基础桩　　　　b.在基础桩上安装屋面骨架　　c.屋面骨架脊部附加弦杆

图10-3　温室屋面骨架的安装

在温室骨架施工安装完成后，分别在温室前基和后墙的桩基外采用与前述后墙修补相同的塑胶布围护，并在塑胶布的外部培土保温（图10-4）。为避免塑胶布在背部培土后发生变形，施工中采用与修补后墙相同的钢丝网，夹设在桩基柱与塑胶布之间（前基桩基由于伸出地面高度较高，为了进一步防止钢丝网变形，在钢丝网与桩基之间又增设了沿温室长度方向通长布置的两道钢筋）。由于机打土墙结构温室本身为下挖形式，温室室内地面低于室外地面，将温室前基处桩基的高度正好露出室外地面并用塑胶布围护，自然地解决了下挖地面在温室前部的墙面围护问题（图10-4a、b）；在温室后墙上桩基伸出墙体顶面，又正好解决了提高温室后墙高度、增加温室采光性能的问题。总体来讲，这种结构改造方式具有一定的创新性，尤其适合机打土墙结构温室的改造。采用桩基支撑屋面骨架的设计方案在要求不能进行基础土建施工的地区以及全组装式轻型结构保温日光温室建设中也非常值得学习和借鉴。

| a.温室前基标高 | b.温室前基标高 | c.温室前基的围护 | d.温室后墙桩基的围护 |
| （室内） | （室外） | | |

图10-4　桩基标高与外侧培土保温的做法

10.4　温室后屋面与山墙面保温

当前日光温室轻型后屋面的做法大都采用100～200mm厚的挤塑板，既保温又防水，而且材料商品化生产，来源丰富，价格低廉，自身重量轻，安装方便。本温室改造中后屋面也采用这种材料（图10-5a）。但由于受板材规格尺寸的限制，板与板的接缝（图10-5b）如果处理不当，不仅会跑风漏气而且可能会漏水，将严重影响温室后屋面的保温性能。为了解决这一问题，本改造温室在传统后屋面挤塑板的外侧又增铺了一层保温无纺布的防护毡（图10-5c、d），不仅封堵了挤塑板的板缝，而且在挤塑保温板的基础上又增加了一层保温层，使温室后屋面的保温性能得到进一步提高。但由于无纺布自身不带防水保护层，这种防护层的防水性能尚不很理想，无纺布干燥状态时保温性能良好，如若无纺布淋雨或化雪后被打湿，其保温性能将难以保证。如果能在无纺布的外侧再增设一层如塑料薄膜等材料的防水层，对温室后屋面的保温和防护将会更加有效。

| a.后屋面挤塑板 | b.后屋面挤塑板 | c.后屋面防护毡 | d.后屋面防护毡 |
| （室内） | （室外） | （施工中） | （施工毕） |

图10-5　温室后屋面保温

温室在改造中由于后墙上的基础桩将温室后墙加高，也直接影响到温室原有山墙的高度不能与改造后温室屋面骨架的尺寸相匹配。

为此，本改造温室对两侧山墙也相应进行了局部加高。山墙局部加高在结构上的处理方法与后墙上埋设桩基的方法相同，控制桩基的柱顶表面标高使其直接连接温室屋面骨架，将温室山墙高度抬高到改造后的温室屋面弧形高度，即可实现温室屋面的整体平整。由于温室山墙结构尺寸的提高，温室屋面与原有山墙之间自然形成了没有保温的落差空间。为了解决这一落差空间的保温问题，本改造温室对山墙落差空间采用了柔性保温被材料进行密封，并在保温被的双侧采用塑料薄膜覆盖防水密封（图10-6）。

a.室内侧   b.室外侧

图10-6 温室山墙加高及保温做法

从温室的保温性能来看，这种局部保温与原有土墙的保温性能相比可能相差很大，但与温室屋面保温被的保温性能相比基本相当。从墙体保温的角度看，这种保温做法不够理想；从温室的整体保温性能来看，相当于增加了温室屋面的散热面积。总体来讲，这种山墙的保温方式，尽管施工容易，但对温室整体的保温会有一定影响，如能进一步加强原有山墙与改造屋面之间落差部位的保温，如用保温砖、保温板或者多层保温被等保温的方法，使改造处墙体的保温热阻接近山墙土墙的热阻，温室的保温性能将会得到大大提升。好在温室山墙加高部位的面积不大，对于长度较大的温室相对占比很小，因此，这种局部的热损失也不会影响温室整体保温，生产中是一种可以接受的经济改造方案。

10.5 温室后墙外表面防护

机打土墙结构日光温室的后墙表面防护一直是这类温室建设和管理的一个要点。由于墙体外表面土壤松散，强度低，而且外露表面经常处在年际的冻融循环和常年雨、雪、风、霜等自然环境的暴露之下，如果没有适当的表面防护，裸露的墙体经常会发生表面风化、水土流失等破坏墙体结构的现象。为此，自从机打土墙结构这种温室形式诞生之日起，不论是温室设计或建造者还是温室生产的管理者，都把墙体的表面防护作为一项重要的研究内容在进行各种措施的尝试。从2018年山东寿光水灾的案例也可以明显地看出，进行温室墙体表面防护会大大提升温室抗击雨雪和水灾的能力。本改造温室汲取了土墙温室生产管理中的经验，对温室的后墙外表面进行了重新清理，表面填实整平（图10-7a）后用柔性防水布（图10-7b）或废旧塑料薄膜进行防护，并与后屋面的保温无纺布形成整体连接（图10-7c），将温室后屋面以及后墙上的雨水能够全部导流到温室外，从而实现对温室墙面的整体防护。这种后墙面防护措施虽说没有太多创新，但却是温室改造或维护必需的。

a.防护前的后墙　　　　　b.防护后的后墙　　　　c.防护后的后墙和后屋面

图10-7　后墙的防护

10.6　温室通风口的安全防护

日光温室通风口包括前屋面基部通风口和屋脊通风口。对前屋面基部通风口的防护主要是防止通风口开启时室外害虫进入温室。常用的方法是在通风口处安装适宜防虫目数的防虫网（图10-8a）。对温室屋脊通风口处的防护，除了与前屋面基部通风口相同的防虫要求外，由于温室屋脊部位坡度小，经常会发生塑料薄膜兜水的情况，给温室结构带来安全隐患，为此，在屋脊通风口上除了安装防虫网外还需要额外安装一层支撑网（有的温室用钢板网，有的温室用塑料网），以保证屋面通风口塑料薄膜铺设平整、排水顺畅，避免出现水兜（图10-8b）。本改造温室在前屋面通风口和屋脊通风口处的安全防护应该说做得非常到位。

a.前屋面基部通风口防护　　　　b.屋脊通风口防护

图10-8　温室通风口的安全防护

10.7　温室改造中的得与失

从总体看，本次改造：①提高了温室的室内空间，使温室的光温性能得到了很大改善；②采用镀锌钢管骨架，使骨架的整体使用寿命得到大大延长；③温室后屋面的双层保温也改善了温室后屋面保温；④温室后墙表面防护到位，能有效防护土墙结构表面风化，提高墙体的防水性能；⑤采用专用塑胶布对墙体局部塌落部位的修补措施有效、可行，值得类似温室改造借鉴采用；⑥采用桩基支撑屋面骨架，彻底解决了建设和改造温室中大量土建工程的问题，有效保护了耕地，而且施工速度快，为今后农业设施在耕地上建设提供了一种有效的解决方案。

但由于不是专业化的设计和安装，温室改造中也存在一些不合理的构造处理方法。

（1）骨架与横梁、横梁与桩基以及骨架与弦杆之间的连接均采用现场焊接的方式（图10-9）。由于焊接作业过程中完全破坏了镀锌钢管表面的镀锌层，使本来使用寿命较长的镀锌钢管在连接节点处的强度和防腐性能大打折扣。虽然在每个节点焊接后采用了涂刷防锈漆的措施，但笔者在现场发现，很多节点处焊渣都没有清理即涂刷了表面防锈漆，是无知还是故意为之，笔者不敢臆断，但至少是浪费了材料、浪费了工时，且完全没有达到钢构件表面防腐的目的。实际上，现代的温室结构基本都淘汰了现场焊接的安装方式，全部都是采用构件工厂化生产、现场组装的方式，施工安装现场禁止采用焊接作业，所有连接节点均采用抱箍、卡具等连接件，用螺栓或铆钉连接，这样可完全保护构件表面镀锌层。此外，从图9b中可以看到后屋面骨架与横梁的连接处，由于骨架后屋面处于倾斜位置，承力骨架与横梁没有满截面连接，而是采用切割承力骨架断面的措施，这样做大大削弱了承力骨架的承力断面面积，使骨架向横梁的传力全部集中到被严重削弱的骨架断面一角，未来在这一点处由于骨架锈蚀和截面削弱发生断裂破坏的概率将会增加。

a.前屋面骨架与横梁的连接　　b.后屋面骨架与横梁的连接　　c.弦杆与拱杆的连接

图10-9　骨架连接节点

（2）屋面承力骨架与桩基不是一一对应传力，从承力骨架上传递的内力必须要通过横梁转换后才能二次传递到桩基。由于桩基的间距和承力骨架的间距不等同，所以，不同桩基间横梁连接骨架的位置和数量都不同（图10-10）。这样横梁不仅承受很大的弯矩，而且不同部位承受内力的大小也不同。实际运行中，我们甚至无法判断横梁的最危险点在哪里。建议在今后的改造过程中最好将骨架与桩基一一对应，避免横梁受弯。

a.温室前沿位置　　　　　　　b.温室后墙位置

图10-10　屋面骨架与桩基的对应关系

（3）由于施工精度不够，桩基在插入土壤的过程中不能很好地将所有桩基顶面控制在同一水平线上，致使有的部位横梁无法接触到桩基。为了能将横梁连接到桩基，施工中又在桩基的侧面再焊接一根短柱，使桩基的顶面标高达到横梁的标高（图10-11）。这种做法：①增加了焊接短柱的材料用量和焊接工作量；②横梁的承力通过短柱二次传递到桩基上，使结构的传力复杂，同时也增大了结构破坏的风险。此外，在施工现场还发现，连接横梁与桩基的短柱用材也比较随意，有的地方采用方管，有的地方采用圆管（图10-11），估计这是就地取材的结果，但不同的材料焊接质量和传递内力的能力可能完全不同。施工中应严格控制插入桩基的顶面标高，一般应将其控制为正标高，也就是桩基的顶面标高应高出其设计标高，在安装横梁时：①可以继续用锤击的方法将桩基打入基地深处；②采用切割桩基端部的方法，使桩基顶面标高与横梁水平标高相一致。

a. 用方管过渡　　　　　　　　b. 用圆管过渡

图10-11　桩基与横梁之间的连接

（4）安装精度的问题，即全部屋面骨架没有安装在一个弧面中，出现屋面骨架高低不平的问题。这可能是骨架总体尺寸精度控制不够，或者是安装过程中横梁不在一条水平线上，或者是温室前部横梁和温室后屋面横梁不平行。由于骨架安装不平整，造成的直接后果是连接骨架的纵向系杆无法安装到骨架与纵向系杆的连接卡具中（图10-12），或者即使勉强能安装进去也会造成纵向系杆的弯曲变形，在骨架

图10-12　纵向系杆与骨架的连接

与纵向系杆之间形成强大的预应力，这将非常不利于温室构件的有效承力。

从温室改造设计的方案和施工的精度看，这是不专业的人在干不专业的事。施工中花费的材料成本和施工周期不一定能节省，但可明显地看出温室施工的质量不很乐观。为避免工程中类似现象的发生，在可能的条件下，建议还是请专业的设计人员进行精心的设计，请专业的施工队伍按照标准化的安装程序进行安装施工，施工安装完毕后再按照国家和行业相关标准进行验收，以确保温室改造的质量，使有限的资金产生更长远的效益。

11

一种加大跨度、提高脊高的日光温室整体改造方案

2017年6月2日，笔者考察了位于北京市平谷区山东庄镇李辛庄村的绿都林科技示范园中正在施工改造的温室现场。现就相关温室改造的背景和改造方案做一介绍，供温室改造相关管理和技术人员参考和借鉴。

改造温室建设于2002年，运行正好15年。按照规范规定的日光温室设计使用寿命10年的要求，该温室实际使用寿命已超过设计使用寿命的50%，属于"超龄服役"了，为保证温室结构的安全和性能的稳定，温室必须要进行改造。

园区共建设日光温室30栋，温室长70m，室内净跨度9.0m。建设初期温室用于种植黄金梨，盛果期梨树的产量为2 000kg/栋，按照16元/kg的售价，每栋温室的毛收入为3.2万元，扣除成本后种植的效益并不太高。种了7年后，园区决定改种草莓，现在种植红颜的产量可以达到3 000kg/栋，平均销售价格为40元/kg，总收入将能达到12万元/栋；种植白草莓产量为2 000kg/栋，平均销售价格为80元/kg，总收入将能达到16万元/栋。由此可见，种植草莓的经济效益比种植黄金梨要高出很多。

由于温室骨架锈蚀和变形，存在很大的安全隐患，而且由于15年之前建造的温室，受当时技术水平的限制，总体来讲温室的结构比较低矮，保温性能也较差（也可能是当时建设时以种植黄金梨的生长环境要求为目标，对温室的保温性能要求不高，这种设计在当时是合理的，当将其直接用于种植草莓甚至果菜，温室的保温能力就不足了）。为了能进一步提高温室的保温和采光性能，提高温室结构的安全性和承载能力，适合种植更多的品种，园区决定对全部温

室进行整体改造，包括温室的整体建筑尺寸、温室墙体、温室骨架和温室后屋面。

11.1 温室整体建筑尺寸的变化

改造温室跨度9.0m（室内净跨，下同），后墙高2.0m，脊高3.5m。近年来，日光温室发展的趋势是向着高大化方向发展，跨度和高度都在不断增加。改造温室由于受栋与栋之间固定间距的限制，温室的高度不可能像新设计温室那样按照优化结构尺寸改造，所以，对温室跨度和高度的增加都只能在有限范围内变化。

对于温室的跨度尺寸，由于种植草莓采用沿温室长度方向的东西垄向种植，垄距85～90cm，扣除走道宽度60cm后，原有温室只能种植9垄，还有点富余；现将跨度增大到9.5m，则可以种植10垄，从而显著提高温室的地面利用率。为此，温室改造中将跨度增加了50cm，相应温室的后墙高度和脊高也发生了变化（表11-1和图11-1）。由图11-1c可以看到，在提高温室屋脊的过程中，温室屋脊的脊位也向后移动了50cm，从而加大了温室的采光面，更有利于温室白天的采光和增温。

表11-1 改造前后温室总体尺寸变化（m）

项目	跨度*	后墙高	脊高	长度
改造前	9.0	2.0	3.5	70
改造后	9.5	2.8	4.2	70

* 跨度为室内净跨。

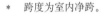

a.后墙加高   b.跨度加大   c.脊高提高

图11-1 改造温室的总体尺寸变化

11.2 墙体改造

改造之前的原温室，后墙采用600mm厚红机砖空心墙（240mm厚砖墙+120mm空心+240mm厚砖墙），由于保温性能差，在后来的运行中又在温室的墙体外侧粘贴了60mm厚聚苯板（图11-2）；山墙采用370mm厚实心红机砖墙体，外侧没有粘贴保温板（图11-3）。总体来看，原设计温室的保温性能较差，本次改造必须加强温室墙体的保温性能。

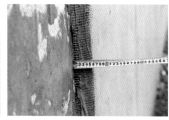

a.外贴保温板整体   b.外贴保温板厚度

图11-2　温室后墙外贴保温板的做法

改造之前的温室基础埋深0.50m，基础垫层厚0.50m（三七灰土分三层夯实），从使用了15年的情况看，温室墙体没有变形，说明温室的基础埋深和基础强度足够。本次改造完全保留了温室的原有墙体（包括后墙和山墙及其基础）。

后墙改造是在原有后墙顶面打圈梁（截面尺寸为240mm×240mm），并在圈梁上每隔1.0m伸出钢筋与屋面桁架连接。这种连接方法由于新加800mm高后墙，如果不考虑墙体的作用，骨架的力很难传递到墙顶圈梁上，还不如直接在墙顶设梁垫将骨架荷载直接传递到墙体，没有必要一定将骨架荷载传递到圈梁。另外一种做法也可以直接将圈梁设置在新增墙体的顶面，这样骨架可直接焊接在圈梁的预埋件上，传力更加简洁明了。新增高后墙部分的外侧和墙体改造之前一样，砌筑完成后外贴60mm厚保温板，与原有温室外表面齐平。

对温室山墙的改造：①加厚山墙，提高其保温性能（图11-3），使山墙厚度由原来的370mm增加到500mm；②加高和加长山墙，与改造后温室骨架的尺寸相适应（图11-1c）。本次对山墙的改造只增加了墙体厚度，没有像后墙一样外贴保温板，对温室的整体保温而言似乎有点欠缺，如果能在山墙外再粘贴60mm厚保温板，其保温效果将会更好。从保温和承载两个方面考虑，直接在370mm厚的砖墙外挂贴60～100mm厚保温板，即可满足承载要求，又能增强温室墙体的保温性能，而且施工速度快，相比500mm厚砖墙造价还便宜，不失为一种更经济有效的改造方案。

a.改造前温室山墙　　　　b.改造前温室山墙厚度　　　c.改造后温室山墙厚度

图11-3　温室山墙的改造

由于温室跨度加大，原来安装温室骨架的前部基础完全失位，为此，改造温室将现有前墙基础向南平移500mm，采用240mm×240mm钢筋混凝土圈梁压顶，并在基础圈梁上预埋钢筋，与温室屋面骨架相连（图11-4）。

图11-4　改造温室前墙基础做法

11.3　温室骨架改造

由于温室的总体尺寸发生了变化，原有温室骨架全部废弃。本次改造在保留原有焊接桁架形式的基础上，采用全新的骨架，不仅加大了骨架的总体尺寸，而且骨架材料的截面也相应增大，一是增大了上弦管的壁厚，二是加大了腹杆的截面。改造前后桁架杆件截面尺寸的变化如表11-2。

虽然骨架用材的截面增大了，但骨架的布置间距仍然保留1.0m不变，因此，这种改造在一定程度上也提高了温室骨架的承载能力（由于温室跨度增加、脊高提高，增大骨架截面尺寸也在情理之中，工程改造中每个杆件截面具体增大多少应通过力学强度分析计算确定）。

表11-2 改造前后温室屋面骨架材料变化

项目	上弦杆（mm）	下弦杆（mm）	腹杆（mm）	桁架间距（m）
改造前	Φ20×1.8	Φ12	φ6	1.0
改造后	Φ20×2.5	Φ12	φ8	1.0

注：Φ20×2.5表示外径20mm，壁厚2.5mm钢管；φ表示Ⅰ级光面钢筋；Φ表示Ⅱ级螺纹钢。

连接排架结构桁架的纵向系杆从前屋面到后屋面共设置了5道（图11-5a）。纵向系杆采用直径12mm螺纹钢。纵向系杆与桁架的连接采用焊接方式，但与传统的连接方式不同，改造温室的骨架上在纵向系杆通过的位置单设了一根垂直桁架上下弦杆的腹杆，该腹杆同样采用直径12mm螺纹钢。纵向系杆直接焊接在该腹杆的中部（图11-5b）。这种做法纵向系杆可避免与桁架下弦杆的焊接，纵向系杆在温室中的布置高度也有了相应提高，可有效提高温室内的操作空间（尤其是最南侧一根纵拉杆），但相应也减小了压膜线的压膜深度，在塑料薄膜整体绷紧的情况下可获得双赢的效果，但如果塑料薄膜安装比较松弛，则会影响压膜线的压深，进而影响塑料薄膜的绷紧。

a.改造骨架整体布置　　b.改造骨架与纵拉杆的连接

图11-5 温室骨架改造

11.4 温室后屋面改造

改造前原温室的后屋面为永久固定的彩钢板保温板。由于温室后墙升高,屋面骨架更新,原来的后屋面必须全部拆除,而且由于温室屋脊脊位后移,温室的后屋面长度变短,原来的后屋面保温材料尺寸也完全不符合新改造温室,为此,新改造温室将温室后屋面做成了用保温被覆盖的可拆装保温屋面。保温被材料为前屋面夜间保温用针刺毡保温被,幅宽3m,沿温室长度方向铺设,一边固定在温室的后墙,另一边绕过温室屋脊固定在温室的前屋面屋脊通风口边沿,两端固定在温室两侧山墙。后屋面保温被采用双层被覆盖(单层保温被为三层针刺毡保温芯双侧用不织布封装),两边用∟40mm×40mm×2mm角铁压边后固定在温室骨架和墙体上,在温室屋脊位置再用一道—40mm×2mm扁钢通长固定(在骨架上固定保温被的角钢和扁铁实际上也成为连接温室屋面桁架的纵向系杆)。这种后屋面做法:①可以减轻温室后屋面结构的荷载,从而减小温室屋面骨架的截面面积或提高温室屋面骨架的承载能力;②可以在温室运行中吸收室内的水汽,在一定程度上降低温室内的空气湿度(夜间吸收的水分白天光照条件下能够蒸发出来,形成会"呼吸"的后屋面);③施工安装方便、快捷,有利于降低施工成本;④保温被沿温室长度风向铺设,温室后屋面保温被没有接缝,温室保温的密封性能好。

但这种做法也存在后屋面材料防水性能差、材料不耐老化、使用寿命短等问题。这种做法接近近年兴起的活动后屋面的思路。笔者认为,从便于通风和保温的角度分析,再增加一套卷帘机和卷膜通风器可以一步到位,直接做成活动后屋面,更能增加未来温室温光调控的灵活性。或者至少要在最外层保温被的外侧增加一层塑料薄膜或其他防水材料,提高保温被的防水性能,避免下雨或下雪后雨水浸入保温被降低后屋面的保温性能。

11.5 温室改造成本

该园区改造得到了平谷区人民政府的资金支持,支持经费为每栋温室4万元。根据温室建设者的介绍,这个费用基本能够满足改造的支出。但笔者按照北京市的预算定额并部分按照市场价格估算了一下改造成本（表11-3），发现4万元/栋的改造费用远远不能满足实际支出，政府补贴仅为总造价的约一半费用。2017年北京市土建工程的预算价格调升幅度较大，可能是推高预算价格的主要因素。此外，具体工程施工中可以使用价格比较便宜的砖和水泥，施工队的人工成本也有可调控的余地，园区自己的工人施工也大幅度节省了工程预算中的管理费、利润和税金等。所以在预算价控制下，实际工程造价可能会比预算价稍低。

实际工程中，在改造温室的同时还新建了温室门斗（图11-3a），这部分费用没有计算在总体造价中。

表11-3 改造费用预算（元）

项目	数量	单价	总价	备注
后墙砖墙（m³）	33.6	420	14 112	600mm×800mm×70m，含水泥砂浆和施工费，定额价
山墙砖墙（m³）	4.75	480	3 705	500mm×500mm×9.5m×2
基础钢筋混凝土圈梁（m³）	4.032	2 160	8 709	240mm×240mm×70m
墙顶钢筋混凝土圈梁（m³）	4.032	2 964	11 951	240mm×240mm×70m
后墙保温板（m²）	56	80	4 480	6cm×800mm×70m，30kg/m³，含挂网、抹灰及施工费
桁架（榀）	71	200	14 200	估价
纵向系杆（Φ12）（m）	420	3.1	1 302	3 440元/t
保温被固定角铁（m）	140	5.6	784	∟40mm×40mm×2mm，含辅料，3 000元/t
保温被固定带钢（m）	70	2.4	168	—40mm×2mm，含辅料，3 800元/t
后屋面保温被（m²）	420	12	5 040	3kg/m²，三层针刺毡+2层无纺布
骨架、后屋面保温被安装费（m²）	700	10	7 000	
合计			71 451	

注：Φ表示Ⅱ级螺纹钢筋；∟表示角钢；—表示钢板。

11.6　生产运行情况

2022年3月笔者结合北京市平谷区日光温室的调研再次造访了该园区，看到温室内种植的草莓生机盎然、果实累累，一片丰收的景象（图11-6a），只是原改造方案的草莓东西垄种植变成为南北垄种植，问其原因，园区管理者说东西垄种植垄面有阴阳面，北侧草莓接受不到直射光，着色差、商品性不好。从作物生理的角度分析，草莓果接受阳光能提高自身温度便于物质转化和运输，此外，草莓果表面也有一定光合作用。因此，对种植草莓而言，东西垄种植便于机械化作业，起垄、铺膜机械化作业方便，但草莓的品质会受到一定影响；南北垄种植，起垄、铺膜的工作量大，但草莓质量好，因此，生产者通过成本和效益权衡最终还是选择了南北垄种植。这一经验也值得其他草莓种植者学习和借鉴。

从温室改造5年后的使用情况看，温室骨架和后屋面保温被基本完好（图11-6b、c），只有支撑和扣压保温被的室内外扁钢有局部锈蚀，说明用镀锌钢板裁制的扁钢表面镀锌层厚度不足，或者是镀锌质量存在欠缺。今后的温室改造中使用这种镀锌扁钢带应加厚表面镀锌，最好使用热浸镀锌工艺。

a.室内种植草莓　　　　b.后屋面保温被（室内）　　　c.后屋面保温被（室外）

图11-6　改造5年后温室的运行情况

12

一种保留墙体提高脊高、更新骨架和墙体保温的日光温室改造方案

本案例来自北京市大兴区御瓜园生产基地。2016年7月一场暴雨将本案例温室前屋面骨架压塌，连带温室后屋面也倒塌，温室失去了基本的承力和围护体系，但温室后墙和一堵山墙保持完好。2017年园区生产者在原有墙体的基础上对该温室进行了全面更新改造，减小了温室跨度，提高了温室脊高，更换了温室骨架，同时也更新了温室的保温，增设了主动土壤空气储放热系统，使温室的整体性能得到显著提升。现就该温室的改造进行归纳总结，形成本文。

12.1 温室倒塌前的原貌

观察与倒塌温室同批建设的其他温室，可以大体看出倒塌温室之前的基本风貌（图12-1）。温室基本尺寸为跨度10.4m，后墙高度2.9m，脊高4.0m，长度61m。温室后墙做法为370mm厚砖墙外贴100mm厚聚苯板，后屋面构造为瓦楞板支撑100mm厚保温板外贴防水层。温室承力骨架为焊接桁架，室内无立柱。保温被采用针刺毡。

从整体看，温室前屋面比较偏平，坡度较小，同样荷载下，骨

a.温室内景　　　　　　　　b.温室后屋面

图12-1　倒塌前温室风貌

架承受的内力可能更大，结构也更容易变形。这主要是温室设计的跨度大、脊高矮造成的。

12.2　温室倒塌原因分析

从温室倒塌的现场照片（图 12-2）可以看出，温室是在前屋面中上部靠近屋脊的第一道纵拉杆附近发生骨架变形失稳，引起整个屋面（包括前屋面和后屋面）倒塌，并牵连到温室西侧山墙开裂向东倾斜。其中前屋面倒塌是因为骨架失稳（从图 12-2b 看没有断裂），而后屋面倒塌是因为前屋面的失稳引起整体倾覆，后屋面的骨架和材料都没有发生结构性破坏。温室的后墙和东山墙基本完好。

从以上温室倒塌的现场分析可以确定温室的倒塌原因主要是温室前屋面骨架过载失稳，其他结构都没有达到结构的破坏强度。因此，以下的分析将首先从温室前屋面骨架失稳的成因入手。

a.倒塌温室原始外景　　　　b.倒塌温室原始内景　　　c.清理保温被后的外景

图 12-2　温室倒塌现场

从温室骨架失稳的位置看，这里正好是保温被停放的位置。春秋季节保温被卷放在温室屋面中部位置，室外下雨期间，由于保温被被卷阻水，一方面在保温被被卷的背部积存了大量积水，另一方面由于保温被自身吸水也显著增加了自身重量，使温室前屋面的荷载突增，造成结构过载，进而引起结构失稳破坏。由于该荷载在设计规范和实际设计中都没有体现，而且类似的事故在之前也有多次出现，这就再次提醒我们在日光温室的管理中，当遇到降雨天气时，要么将保温被展开让雨水顺畅地从保温被表面流走（虽然这样会影响温室作物采光），要么将保温被卷到温室屋脊，将保温被被卷阻挡的积水减小到最低限度。

在同批建设的温室中，为什么只有这一栋温室倒塌了而其他温室都保持完好呢？经过与温室建设者交流后得知，原来倒塌温室是由于卷帘机电机损坏，导致保温被停留在温室前屋面中上部无法移动。这就印证了上述推断——保温被卷阻水是造成温室倒塌的罪魁祸首。这从另一个角度给我们提出要求，就是卷帘机在电机减速机出现故障后应有相应的应急处理措施，如切断温室电源，手动拨动减速机皮带轮，将保温被卷起或展开。另外，园区平时应有备用的配件，出现设备故障后及时修复，保证设备的正常有效运行。

虽然造成温室倒塌的主要原因是下雨天保温被卷阻水引起屋面荷载过载，导致结构局部失稳，诱发温室屋面整体倒塌，但从现存的温室也可以看到温室结构中还是存在一定隐患的（图12-3）。由图12-3可见：①温室桁架结构的下弦杆和腹杆严重锈蚀（图12-3a）；②在温室屋脊位置有大量水兜存在（图12-3b，尽管不是下雨天）；③选择使用的保温被为针刺保温毡，自身防水性能差，下雨时自身吸水后自重激增。由此可以看出，温室倒塌可能还与温室的设计（主要表现在温室跨度大、脊高不够，造成屋面坡度小，排水不利）和制造（钢结构构件表面防腐处理不完整）以及保温被材料的选择有直接的关系。

a.钢结构腐蚀严重　　　　　　　b.屋脊兜水

图12-3　温室结构在设计和制造上的缺陷

综上所述，一栋温室的安全运行必须从设计、制造和管理各个环节建立安全防范机制，尤其要建立运行管理中的应急预案，在遇到应急情况时及时启动应急措施，才能有效防范事故的发生，保障温室结构和生产的安全运行。

12.3　倒塌温室的修复

评估温室倒塌后的现状，温室骨架中部折弯已经失去修复的价值，由于骨架失稳引起温室后屋面整体坍塌和西侧山墙局部开裂倾斜，也都不能通过简单的修复复原其功能，只有温室的后墙和东侧山墙基本完好，具有继续使用的价值。

根据以上评估结果，温室改造将全面更换屋面承力骨架和后屋面，更新西侧山墙，加固改造东侧山墙和温室后墙。据此，提出如下修复方案。

12.3.1　山墙修复与加固

对温室山墙的修复，西侧山墙拆除重建，用加气混凝土泡沫砖既保温隔热，又轻巧、占地面积小（图12-4a），是当前黏土砖禁用后的一种比较理想的建筑材料。对东侧山墙，由于原有温室是用红机砖砌筑，为保证结构用材的统一性，继续选择使用红机砖修补，根据新设计的屋面骨架几何尺寸对墙体进行局部加高（图12-4b），增加温室屋面的坡度，提高温室的采光和屋面的排水能力。为了增强温室两侧山墙的保温性能，在两堵山墙的外侧均外贴保温挤塑板对墙体进行防护和保温。

a.西山墙更换材料重建　　　　　　b.东山墙修复加高

图12-4　山墙修复与重建

12.3.2　后墙改造

对温室后墙的改造，因为墙体的主体结构没有受到破坏，不会对温室结构的承力造成影响，但由于墙体使用年久，砖墙表面出现风化，再加上新建温室时砌砖的灰缝也不饱满、保温层结合不紧密。

为此，在本次后墙改造中剔除墙体表面原有抹灰和外保温板，采用轻体闭孔发泡水泥浇筑墙体，替代原有的聚苯板保温材料，一是消除聚苯板不阻燃的安全隐患；二是轻体闭孔发泡水泥可以严格密封后墙的孔洞；三是发泡水泥保温层热阻大，自身为一体，密封性能好，可显著提高温室的保温性能和使用寿命。

针对老旧温室墙体改造项目，温室建设单位在浇筑轻体闭孔发泡水泥墙体施工中，也总结出了一整套特殊的施工方法。对温室后墙的外表面，先剔除表面保温层和松动的砖缝中的抹灰，在清理干净的墙体表面打桩（15～20cm长膨胀螺栓，外露7.5～10cm）展挂钢丝网（图12-5a，这层钢丝网实际上也是未来发泡水泥墙中的加强筋），紧贴钢丝网的外侧架设钢模板（图12-5b），在钢模板与温室墙体之间的空隙中灌注发泡水泥浆，使其充满整个空间（保持发泡水泥层的厚度在200mm），水泥浆在流动的过程中可自动填补砖混墙体的表面破损缝隙，并使水泥浆和墙体形成"铆钉式"紧密结合，待发泡水泥完全凝固后，拆除模板，在发泡水泥墙体表面挂抗裂网格布并抹抗裂砂浆，即完成对后墙的改造（图12-5c），经过20～30d的保湿养护后即可投入使用。

轻体闭孔发泡水泥导热系数仅为0.048～0.0635W/（m²·K），黏土砖砌体导热系数为0.81W/（m²·K）。现场在黏土砖墙体外侧整体浇筑轻体闭孔发泡水泥20cm，相当于额外砌筑了2.5m厚砖墙的保温效果。浇筑后的墙体，发泡水泥与黏土砖墙浑然一体，保温性能及黏结的牢固度大幅度提升，有效防止了砖混墙体继续被风雨侵蚀，并使旧有黏土砖墙体吸热、蓄热能力显著提高。

a.清理表面后挂网　　　　　b.支模　　　　　　　c.加固后的外墙

图12-5　温室后墙的修复与加固

对后墙内表面的处理，主要是剔除表面疏松的水泥砂浆，重新用高标号水泥砂浆抹面（图12-6），既形成对墙体的保护，又可密封砖缝，水泥砂浆面层对墙体表面的吸热还具有非常积极的贡献。

图12-6　墙体内表面水泥砂浆抹面

12.3.3　骨架更新

对温室骨架的更新，考虑到原来的桁架结构构件整体镀锌比较困难，为了提高钢结构的表面防腐能力，改造温室完全摒弃了原设计桁架结构的方案，而采用了镀锌钢带一次成型的外卷边C形钢做骨架材料，彻底消除了钢构件表面锈蚀的问题。外卷边C形钢的钢板厚度为1.8mm，开口方向宽度78mm，顶面宽度45mm，高70mm，表面镀锌层厚度110g/m^2。

为了安装C形钢结构的骨架，需要在骨架两端（一端在温室后墙顶面，一端在温室前沿基础顶面）所在的基面上埋设预埋件。施工中在温室后墙的顶面构筑钢筋混凝土圈梁（圈梁截面为200mm×200mm），在圈梁长度方向每隔3m伸出一根Φ14mm钢筋，用焊接或栓接的方法将一根沿墙体通长布置的角钢（∟5mm×50mm×75mm）固定在圈梁表面（图12-7a）；在温室前沿基础上也采用同样的方法固定相同尺寸的角钢。为了增强温室前沿基础的保温性能，温室前沿基础亦采用和后墙保温层相同的轻质发泡水泥浇筑，埋深1.0m，埋入地下宽度500mm，伸出地面200mm高，地上宽度收窄到300mm，和后墙圈梁一样，其中预埋钢筋（图12-7b），并通过钢筋在基础表面固定角钢。对冻土层不超过1.0m的北京地区日光温室而言，这种做法可彻底隔绝温室地面土壤向室外的传热，对提高温室地温、消除地面边际效应具有重要的作用。

温室骨架安装是通过骨架安装底座（图12-8），以栓接的形式固定连接在温室基础或圈梁表面的角钢上（图12-7c）。安装底座焊接在角钢上，焊接面刷环氧富锌漆做防锈处理。这种安装方法，完全避免了骨架两端与预埋件的焊接，也就保证了骨架表面的镀锌层完整无缺，对延长温室骨架的使用寿命具有重要的作用。同时安装底

a.后墙圈梁上的埋件　　　　b.前沿基础上的埋件　　　　c.安装骨架

图12-7　骨架更新安装过程

座与基础的连接牢靠，防腐处理得当。

　　由于倒塌温室的前屋面结构坡度不够，经常存在表面积水的问题，在新的温室改造中，提高了温室的脊高，减小了温室的跨度，将温室跨度减小到8.5m，脊高提高到4.3m，并将温室前部骨架的坡度加大，一方面加大了温室的操作空间，便于机械化作业；另一方面，也更适于吊蔓的果菜等作物种植。同时，为了避免温室脊部积水在屋面形成水兜，在温室屋脊通风口的膜下铺设了一层防兜水钢丝网，可有效避免下雨天屋面水兜的形成。

图12-8　温室骨架通过骨架安装座栓接在基础（圈梁）表面角钢上

12.3.4　后屋面更新

　　温室原有后屋面由于温室倒塌受损，以及新骨架的结构尺寸与原骨架尺寸有显著变化，原有温室后屋面材料的尺寸也不适合新改造温室骨架尺寸，同时考虑提高温室后屋面的保温性和安装的便利性，新改造温室将原来的厚度5～10cm、容重5～6.5kg/m³聚苯板保温芯的低强度菱镁土保温板更换为厚度10cm、容重12kg/m³的聚苯板保温芯并采用双面防锈的加厚彩钢板保护的特制保温板（图12-9）。这种材料的更换使温室后屋面的保温性能较改造前增加了1

倍多，同时屋面的使用寿命可延长到10年以上。

对温室墙体、后屋面和前屋面改造后的温室新貌见图12-10。与倒塌前温室（图12-1）相比，改造温室的前屋面弧形更合理，温室的保温性能得到显著提高，结构的耐久性和使用寿命也大大延长。

图12-9 改造后的温室后屋面

| a.外景 | b.内景 |

图12-10 改造后的温室新貌

12.3.5 保温被与卷帘机更新

老旧温室使用的是传统的针刺毡保温被，这种保温被虽价格便宜，但保温性能和使用寿命都不理想，而且自身防水性能差，抗拉强度低，生产中确实也需要有新型保温被来代替。该温室倒塌的部分原因就是这种保温被的防水性能差，遇水后保温芯吸水使自身重量加大，从而增加了温室结构的负荷。

本工程改造中采用了一种新型保温被（图12-11）。从外表看为黑色，是一种长寿命抗老化PE膜，保温芯为发泡闭孔橡塑材料，保温芯的厚度为1.5～5cm（可根据温室建设地区冬季室外气温和种植品种对室内温度的要求选择，本工程采用2cm厚保温被）。这种材料保温芯的导热系数为0.03W/（$m^2 \cdot K$），保温性能好，而且重量轻、自防水、

图12-11 更新的保温被

质地柔软易卷曲，表面覆盖材料强度高、抗紫外线能力强、使用寿命长。尤其重要的是这种保温被可以整体连接无缝隙，大大减少了透过保温被的冷风渗透，使保温被的保温性能得到有效发挥。

这种保温被根据面层颜色不同，分为"内外全黑""外黑内白""内外全白"三种表皮颜色，分别适用于不用的温室和种植要求。白色反光，用于内层表面有利于室内夜间补光温室提高室内光照强度和光照均匀性；用于外层表面有利于反射白天过强的太阳辐射，可用于夏季设施食用菌种植和早秋果树提早冬眠。黑色吸光，用于外表面能快速吸热有利于冬季保温被表面的积雪融化。用户可根据温室建设地区的室外温度和光照条件以及室内种植品种等因素综合考虑选择使用。这种保温被厂家的保证使用寿命为10年，实际使用寿命可达15年。虽然一次性投资较高（30 ~ 40元/m²），但按照每年的运行折旧摊销后，其单价甚至比针刺毡保温被还低，可以说是一种性价比较高的保温被产品。

12.3.6 附加土壤主动储放热系统

为了提高温室冬季室内温度的保证水平，该温室在改造中增加了 一套空气循环地面土壤升温储热系统（图12-12）。

a.进风口（风机口）　　　　　　　　b.出风口

图12-12 地面主动储放热系统

该系统在温室的西侧设置一个进风管，并在进风管的进风口安装1台送风风机（风机功率为127W，风量为1 230m³/h，压力359Pa），风机口的安装高度为3.3m。

温室中沿温室跨度方向埋设4排东西方向的地埋PE管，作为热量交换的散热管。每排地埋管的长度为59m。冬季白天9：30之后，当室内温度超过22℃，风机可自动启动，向地下管道送风，将温室空气中多余热量储存在温室地面土壤中；夜间当室内空气温度降低到种植作物要求的设定温度后，风机可自动启动，将白天储存在土壤中的热量抽出来输送到温室中，补充温室热量的损失，提高室内空气温度。这种地面土壤储热系统不仅可以提高温室夜间空气温度，而且也对稳定和提高温室地温具有非常积极的作用。据测定，一般可将温室内 −0.3m处土壤温度稳定在16℃以上，−0.6m和−0.1m处土壤温度稳定在13℃以上，完全能够满足喜温果菜对地温的要求。由于白天送入地下的是温室中的热空气，温度高、湿度大，在地面土壤中进行热交换后温度降低，当循环空气的温度低于露点温度后，可将空气中的水分析出，从而起到降低空气相对湿度的作用；夜间从地面土壤中抽出的热空气，提高室内温度的同时也能降低温室内的空气湿度。所以，这套地面热交换系统不仅具有调节空气温度的作用，而且具有调节室内空气湿度的作用，在保证室内温度的同时还是一套廉价的除湿机。

12.4 结语

本工程案例通过对一栋倒塌温室的改造，使原有老旧温室在结构强度、保温性能、蓄热性能等方面，一跃跨入现代日光温室的行列。这种改造模式也为今后我国北方地区大量的存量老旧日光温室改造提供了一种可供选择和借鉴的技术方案。

13

一种砖墙桁架结构日光温室更新为柔性墙体组装结构的改造方案

　　2008—2012年北京市补贴建设的日光温室基本为双层240mm厚砖墙夹100mm厚聚苯保温板做温室墙体，温室的屋面承力骨架则主要以桁架结构为主（图13-1a）。经过10多年的运行后，温室基本都超过了规范规定的10年设计使用寿命。从实际运行情况看，温室的后屋面和承力骨架破损和锈蚀严重（图13-1b、c），急需进行改造提升，以消除安全隐患，提高温室的温光性能。

　　由于黏土砖墙自身强度高、使用寿命长，只要是合格的材料和

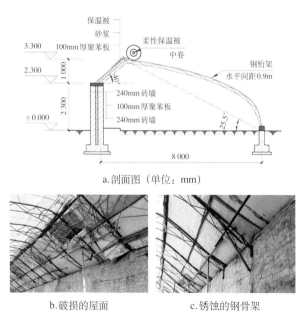

a.剖面图（单位：mm）

b.破损的屋面　　　　　　　c.锈蚀的钢骨架

图13-1　改造前温室

规范的施工，这种墙体的使用寿命一般可达30年以上。所以，针对砖墙结构日光温室的改造大都是继续利用砖墙作为承重墙体，维修或更换后屋面与承力骨架。

2022年3月，笔者在北京市平谷区设施农业调研中发现一种新的改造方案，虽然保留了原温室的后墙，但温室整体却改造成为目前潮流的柔性保温墙体组装结构温室，同时还增设湿帘风机和活动外遮阳，不仅保留了传统日光温室后墙储热保温的特点，而且增加了温室夏季降温手段，能够实现温室周年生产。此外，温室承力骨架采用椭圆管单管结构，加大了温室前部空间，更便于温室室内作物种植和机械化作业，使改造温室一跃成为当下最先进的温室结构，大大提升了温室的生产能力。在此，总结梳理，分享给广大读者。

13.1 改造前温室

改造温室位于北京市平谷区马昌营镇王各庄村北京诺亚农业发展有限公司的生产基地。基地共有日光温室170栋，包括机打土墙和砖墙2种墙体结构形式。本次改造了2栋砖墙结构温室。

改造前原温室跨度8.0m，脊高3.3m，后墙高2.3m。温室后墙采用双240mm厚黏土红机砖内夹100mm厚聚苯板；温室后屋面采用100mm厚聚苯板外挂水泥砂浆勾缝进行密封和表面保护；温室承力拱架采用焊接桁架，上弦杆为圆管、下弦杆和腹杆为钢筋（图13-1a）。多年使用后温室的后屋面多处破损，聚苯板鼓包、断裂，基本失去了保温和围护的功能（图13-1b），造成温室后屋面破损的主要原因可能是操作人员上屋面维修和调整保温被及卷帘机时经常踩踏保温板，而聚苯板自身又没有承载能力所致（事实上，这种屋面板只能适用于不上人屋面）。除了温室后屋面破损外，温室的承力骨架也出现整体锈蚀，尤其在骨架端部与墙体混凝土圈梁连接处严重锈蚀，虽经多次修补，甚至设立立柱，仍然达不到安全使用的要求。为此，更新改造迫在眉睫。

13.2 温室改造方案

针对砖墙结构日光温室，改造的方案有多种形式。在进行温室墙体承载能力评定或对墙体进行加固后，保留温室墙体改造温室后屋面和更新温室骨架是常见的做法。但这种改造由于受原温室建筑结构尺寸的限制，温室改造后虽然结构的安全性得到了提高，但温室的温光性能却难以得到大的改善。

为了从根本上提升温室的整体性能，使温室改造一步到位赶上现代日光温室技术发展潮流，本改造温室彻底摒弃了墙体承重的结构体系，改为目前流行的柔性保温被围护墙体的全组装结构温室，同时保留原温室的后墙，将其作为柔性墙体组装结构温室的被动储放热体。这种做法不仅节约了拆除温室墙体的人工费用以及处理建筑垃圾的运输和管理费用，而且很好地弥补了柔性墙体组装结构温室无储放热功能的不足，有效保证了温室冬季的热工性能，应该说是一种废弃资源有效利用的优秀案例。

13.2.1 温室建筑结构

13.2.1.1 温室建筑

改造温室完全拆除了失去承载和保温能力的温室承力骨架和温室后屋面，仅保留温室的后墙。为了能充分利用原温室后墙的被动储放热功能，应将原温室的墙体置于改造温室内，并尽可能靠近改造温室的后墙，由此，改造温室加大了原温室的跨度，将原温室8.0m跨度增大到9.0m，一是将温室后墙立柱设置在原温室后墙外（为了保证改造温室后墙立柱基础放脚的空间，后墙立柱离开后墙的距离至少应超过其基础放脚，并适当留出基础与原温室墙体之间的沉降缝尺寸）；二是将原温室前屋面基础适当前移。

由于跨度加大，为保障采光，温室的脊高也相应提高，一是将前屋面的采光角度从原温室的25.5°提高到35.4°，使温室的采光性能得到显著提升；二是将温室前屋面基部从比较低矮的弧面结构改为直立南墙，使南墙的直立高度达到2.0m，更便于机械化作业，也完全符合茄果类作物吊蔓高度的要求。改造新建的温室见图13-2。

除了温室总体尺寸的变化外，改造温室还将传统的温室后走道改为前走道模式（图13-3a）。这种改变，一是由于温室南墙直立空间提高后不影响生产运输和作业；二是有效克服了南部区域的边际效应（一般靠边地温和气温都较低），温室内种植作物的环境更均匀一致。

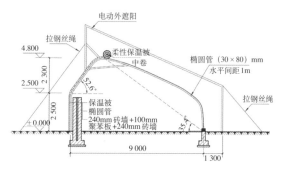

a.剖面图（单位：mm）

b.外景

c.内景

图13-2　改造后温室

　　改造温室没有设置传统日光温室的门斗，而是在室内设计了一个封闭的淋浴间，便于温室生产人员工作后能冲凉洗澡和更衣，是一种更人性化的设计（图13-3）。

　　温室取消门斗后将进出温室的大门直接设置在了温室山墙上，与室内南部走道相对应（图13-3b）。为了兼顾作业机具和生产人员进出温室，出入温室的大门采用双扇平开门，日常作业人员出入温室只开一扇门，作业机具出入温室时可两扇门同时打开，由此，同时满足了作业人员和大型机具进出温室的需求，也彻底避免了传统

a.室内

b.室外

图13-3　温室建筑设施

日光温室作业机具进出温室需要打断前屋面骨架的做法，有效保证了温室结构的承载和安全。

改造温室由于取消了传统温室的门斗，冬季作业人员进出温室开门后室外冷空气将不受阻挡地直接进入温室。在严寒冬季，冷风直接吹袭作物可能会造成作物冻害或病害，这是这种大门设计的一个重大缺陷。温室管理中冬季至少应在门口悬挂保温门帘，或在温室内用塑料薄膜再围设一个缓冲门斗，也可在作物种植区外缘设置一层塑料薄膜透明围挡，以避免冷风直接吹袭温室作物。

13.2.1.2 温室结构

（1）温室主体骨架　改造温室的前屋面骨架、后屋面骨架和后墙立柱为一体式单管骨架，采用 30mm × 80mm × 2mm 椭圆管，间距 1.0m，骨架脊部设水平拉杆。为保证温室纵向抗风能力，温室前屋面沿长度方向设 4 道纵向系杆，后屋面设 2 道纵向系杆，将排架结构形成纵向连接。温室骨架杆件以及骨架与纵向系杆之间的连接均采用专用卡具连接，完全摒弃了焊接方式，可显著增强骨架的抗腐蚀能力，提高结构的使用寿命。此外，温室骨架与基础之间的连接也采用了插接的方式（图13-4a），即在温室基础顶面设置沿温室长度方向通长的钢筋混凝土圈梁，圈梁上用膨胀螺栓固定连续的角钢基础梁，角钢上焊接骨架承插件，承插件插入骨架后用螺栓固定形成牢固的固结节点。值得提出的是为牢固固定圈梁顶面的角钢基础梁，改造方案一是在骨架承插件的两侧分别固定膨胀螺栓（图13-4a）；二是在角钢连接位置采用搭接方式并用 4 根膨胀螺栓固定（图13-4b），这种固定方式有效保障了纵向布置角钢的精准定位，由此也保障了温室骨架安装的平整和牢固。这种骨架与基础的连接方式完全避免了骨架直接接触钢筋混凝土基础，使骨架在基础连接处的锈蚀问题得到了有效改善。美中不足之处在于承插件采用了内插骨架的形式，由于承插件的截面小于骨架截面，该连接节点处骨架的承载能力显著削弱，存在节点破坏的风险，如果采用骨架内插承插件的做法，不仅可解决骨架与基础连接的问题，而且可增强连接点的强度，应该是一种更好的连接方式。

（2）温室外遮阳骨架　除了传统的温室围护结构（屋面和墙面）

承力体系外，改造温室还增设了室外活动遮阳系统。由此，在温室围护结构承力体系的基础上又增设了外遮阳支撑立柱（图13-2a、图13-3b）。

　　外遮阳支撑系统采用前后双立柱支撑托压幕线的钢缆驱动拉幕系统。前立柱设置在温室南部地面，用独立基础支撑立柱；后立柱设置在温室屋面，与温室后屋面骨架直接相连（图13-3b）。为保证立柱的安全和稳定性，一是在前后立柱的外侧设置斜拉索；二是在后立柱的下部设置向屋脊部位的斜支撑。斜拉索采用钢绞线，斜支撑采用钢管。前后两排立柱的柱顶分别设置通长的拉幕梁，拉幕梁上固定托压幕线和驱动钢缆的换向轮，屋顶柱拉幕梁上同时还固定遮阳网的固定边。该系统的外遮阳立柱和斜拉索的基础均采用钢筋混凝土独立（图13-4c）。为节约用材，相邻两栋温室相同位置外遮阳前后立柱的斜拉索共用了一个基础。

a.骨架与基础梁连接　　　　b.基础梁与基础连接　　c.遮阳系统斜拉索与基础连接

图13-4　温室结构与基础连接构造

　　实际上，由于遮阳系统的屋面立柱直接支撑在温室屋面拱架上，从结构承力体系来讲，外遮阳支撑系统和温室屋面、墙面承力骨架一体化承力体系最终形成了一套整体承力系统，结构设计中应按一体化的结构体系进行内力和强度分析。

13.2.1.3　温室保温围护

　　（1）温室保温被围护　　温室后墙和后屋面为固定保温被围护（图13-5）；温室前屋面及前立面为活动保温被夜间覆盖保温，白天卷起，卷放保温被采用中卷式二连杆卷帘机。

　　保温被共采用3幅，沿温室长度方向通长布置。后墙、后屋面为分别独立的2幅固定保温被，前屋面为1幅整体活动保温被。温室后墙因在中部设置有湿帘，为便于温室夏季湿帘运行期间能在后墙上

a.整体　　　　　　　　　　b.垂直接缝

图13-5　温室后墙及后屋面保温围护

打开进风口，保温被在温室后墙湿帘所在位置设置了1幅独立的保温被，夏季可拆除，冬季再安装。

保温被在温室骨架上采用卡槽卡簧固定，卡槽安装在温室骨架上。所有保温被内外两侧都铺设防水膜。温室保温系统密封严密，防水可靠。

（2）**温室透光覆盖材料围护**　温室前屋面和前立面采用塑料薄膜围护。塑料薄膜固定采用卡槽卡簧和压膜线相结合的方式。南立面沿温室高度方向设置3道卡槽，其中下部2道卡槽固定1幅固定膜，上部1道卡槽设置在立面肩部，固定屋面膜和墙面通风用活动卷膜的固定边。固定温室屋面薄膜的最后一道卡槽设置在屋脊通风口的下沿。立面通风口安装有防虫网。

压膜线设置在相邻2榀骨架的中部，采用双丝塑料压膜线。为尽可能减小压膜线对塑料薄膜可能造成的损伤，设计在压膜线通过卡槽的位置安装了专用的压膜线固定卡（图13-6a），在压膜线端头固定端采用专用压膜线挂钩（图13-6b），压膜线固定卡和挂钩都安装在卡槽内，

a.压膜线中部通过卡槽　　　b.压膜线端部在卡槽上的固定

图13-6　压膜线通过卡槽处的卡具固定方式

拉紧压膜线后压膜线不会直接挤压卡槽边沿，由此也就不会损伤塑料薄膜。这种固膜方式可以在任何塑料薄膜温室和大棚上推广应用。

13.2.2 温室通风系统

改造温室的通风系统包括屋脊通风窗和前立面通风窗2套通风窗，2套通风窗可单独启闭控制，也可以联合启闭控制，根据室内种植作物的要求及室内温度和湿度可自动或手动控制。屋脊通风窗采用拉膜方式控制启闭；前立窗通风窗采用卷膜方式控制启闭。

13.2.2.1 屋脊拉膜通风系统

屋脊拉膜通风系统是目前日光温室屋面开窗通风的主要形式之一，相应的驱动设备主要有转轴卷绳拉膜和链条传动拉膜两种形式。前者是电机带动转轴转动，转轴上缠绕拉膜绳，通过转轴的正反转带动屋面通风口塑料薄膜往复运动，从而实现通风口启闭；后者则是电机带动链条，链条两端连接驱动绳并与链条形成闭环，驱动绳上间隔安装拉膜绳，拉膜绳通过换向轮换向后最终连接到通风口塑料薄膜的边沿。电机转动带动链条做往复直线运动，由此带动拉膜绳运动实现对通风口塑料薄膜的启闭（图13-7a）。

本改造工程采用双轴输出的链条传动拉膜系统。驱动电机置于温室长度方向的中部（对于过长的温室可使用2套甚至更多套系统），驱动电机输出双轴，每个输出轴上安装链条带动一侧的拉膜绳，从而实现了单机双输出、节约投资、节省能源的目标（图13-7b）。

拉膜绳是一根完整的绳索，其两端分别扣系在链条驱动的环形驱动绳同一截面的两侧，之后通过换向轮连接到屋面通风口覆盖塑料薄膜的活动边沿（图13-7a、c），随着驱动电机的正反转，牵引链条和驱动绳往复运动，带动拉膜绳升降运动，从而实现对通风口塑

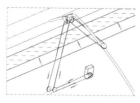

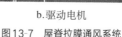

a.机构原理　　　　　　b.驱动电机　　　　　　c.换向传动线

图13-7　屋脊拉膜通风系统

料薄膜的启闭控制。

13.2.2.2 前立面卷膜通风系统

前立面通风采用传统的伸缩杆单侧卷膜电机驱动，可实现自动控制（图13-8）。通风口高度约1.0m，距离地面0.5m，通风口设固定防虫网。

由于通风口距离地面较高，而且温室走道靠近通风口，因此，这种通风口设置不会对温室内种植作

图13-8　前立面卷膜通风系统

物形成直接的冷风吹袭，从另一个角度说明了室内前走道的优点。

13.2.3 温室降温

改造温室的降温系统包括湿帘风机降温和室外遮阳降温2套降温系统。

13.2.3.1 风机湿帘降温系统

湿帘风机降温系统是连栋温室常用的降温设备。在日光温室上安装湿帘风机降温系统的用户较少，而且即使安装湿帘风机降温系统，一般也是将风机和湿帘都安装在温室山墙上，风机和湿帘相对安装，一侧为进风口，另一侧为排风口。

a.湿帘　　　　　　b.风机（室内）　　　　　c.风机（室外）

图13-9　湿帘风机降温系统

日光温室一般长度在60m以上，上述湿帘和风机相对安装在温室两侧山墙的做法由于风机和湿帘之间的距离超长而造成室内温差过大，或者是风机抽力不足，湿帘效率很低。为解决这个问题，本改造温室将湿帘安装在温室后墙的中部（图13-9a），在温室两侧山墙安装风机（图13-9b），而且湿帘面积为1.5m×24m（高×宽），风

机匹配了4台，每台风机风量为14 000m³/h。尽管配置了4台大风量轴流风机，但换算到湿帘的过帘风速也仅有0.43m/s，从发挥湿帘的效率来讲，应将湿帘过帘风速控制在1.0m/s左右，由此推断要么是湿帘面积过大，要么是风机数量较少。从风机配置形成温室内风速看，4台风机同时运行时室内平均风速为0.58m/s，这个风速值应该是合理的。为此，建议应将湿帘面积减小一半。

13.2.3.2 外遮阳系统

外遮阳是减少室外太阳辐射进入温室进而降低温室降温热负荷最直接的手段。它可以将太阳热辐射直接阻挡在室外，从而在保证室内适度光照的条件下，使温室的降温负荷达到最小。本改造温室在温室采光面上安装了室外倾斜平拉幕遮阳系统，遮阳网沿温室跨度方向南北收展，遮阳期间将遮阳网展开覆盖温室采光屋面，温室遮阳降温；不遮阳期间将遮阳网收拢到温室屋脊上方，完全不遮挡温室屋面采光（图13-10a）。

温室遮阳系统采用钢缆驱动的拉幕系统。电机减速机安装在温室南侧立柱的中部（图13-10b），减速机从两侧输出动力驱动卷轴转动。卷轴上安装绕线轮，绕线轮上缠绕拉幕驱动线（图13-10b），电机启动，带动驱动轴转动，并同步带动绕线轮转动，缠绕或释放拉幕线运动，拉幕线在柱顶梁上通过换向轮（图13-10c）连接到遮阳网的活动边型材，拉幕线运动即带动遮阳网展开或收拢，由此实现对遮阳网的启闭控制。

室外遮阳系统配合室内湿帘风机系统基本达到了连栋温室降温系统的设备配套水平，在风机和湿帘运行成本可接受的范围内，温室越夏安全生产应该能够得到保障。

| a.整体 | b.驱动电机、驱动轴、绕线轮 | c.换向轮 |

图13-10 室外遮阳系统

13.3 总结

本案例的温室被改造成为一种完全的柔性保温被覆盖的组装结构日光温室，但同时保留了传统日光温室后墙被动储放热的功能，是一种改造和利用有机结合的良好的改造方案。

温室改造增设了室外遮阳网和风机湿帘降温系统，可有效保障温室的夏季生产。温室配套了可自动控制的屋脊拉膜开窗系统和立面卷膜通风系统，有效解决了温室通风自动控制的问题。整体看温室改造技术和性能都上了一个新台阶，达到了当前先进日光温室的同类水平。

但温室改造中发现一些有待进一步优化的措施，可在今后同类温室的改造中借鉴或采用：

（1）原温室砖后墙与改造温室的柔性保温围护后墙之间应封闭，在两堵墙之间形成一层空气隔热层，更能增强温室墙体的保温性能。

（2）温室外遮阳立柱直接竖立在温室后屋面骨架上，对温室屋面骨架的承力体系带来了额外的负荷，也给结构的内力分析和强度验算带来复杂性，在经济条件允许的条件下可考虑温室遮阳系统后立柱外移，完全脱离温室屋面结构的方案，这样不会对温室结构的安全性带来影响。

（3）改造温室没有看到作物吊蔓系统，从现场种植作物看也仅仅是种植叶菜，从温室的设备配置看，应种植更有经济效益的果菜或进行越夏的蔬菜育苗，相应应配置作物吊蔓系统或活动栽培床、喷灌车等。

14

一种用橡塑保温板外贴砖墙的日光温室改造方案

2022年7月，笔者考察宁夏石嘴山市大武口区隆惠村的日光温室生产基地后，一片破败的凄凉景象确实让笔者吃了一惊。环境脏乱、居住与生产混杂、温室大量倒塌撂荒。详细询问，原来这里是移民区，温室建设是专为移民安置建设的，建设时间已经有10多年了，移民二代已经进城打工了，留在农村进行农业生产的劳动力大都是妇女和老人，温室生产只是他们的一种情怀和充实生活、补充收入的副业。但为了保证土地不撂荒、居民有收入，让移民能搬得来、稳得住、有产业、奔小康，当地政府还是拨付资金进行温室改造，并派技术人员进行现场技术指导，提升生产能力。

实际上，今天我们要看的重点就是改造温室。由于改造温室位于基地的最远端，踏进基地门口的现状温室确实也给了我们视觉上的冲击和感观上的错觉。还是让我们直奔主题，去目睹和体验一下改造温室的容颜吧。

14.1　改造前温室

改造温室跨度7m，脊高3.7m，后墙高2.2m，后屋面投影宽度1.5m，总体尺寸基本符合当地日光温室建设标准。温室墙体为砖墙，山墙为370mm厚单质清水砖墙（图14-1a），后墙为双层砖墙内夹炉渣的三层复合结构墙（图14-1b）——内层承重墙370mm，外层围护墙厚240mm，中间填充炉渣200mm厚。由于双层砖墙间没有拉结或拉结不牢，外层墙体有的出现局部变形或坍塌，并连带温室后屋面坍塌（图14-1b），为此，有的温室对出现隐患的墙体采用石垒墙垛等措施进行加固（图14-1c）。

a.山墙

b.后墙

c.加固后墙

图14-1　改造前温室的墙体

改造前温室的后屋面为麦草保温屋面，从内到外依次为胶合板承重层（图14-2a）、麦草保温层（图14-1b）、草泥保护层（图14-2b），最后在铺设前屋面保温被时将保温被的后沿延伸覆盖到后屋面（图14-2c），形成对后屋面的加强保温。应该说麦草保温层是一种价廉物美的保温材料，后屋面的三层构造做法按照承重、保温、防护的层次设置，也是合理的。

a.内侧胶合板

b.中间麦草外压草泥

c.保温被覆盖

图14-2　改造前温室后屋面做法

值得说明的是，温室的后屋面采用女儿墙（图14-2b、c）。这种做法对温室后屋面的防风具有一定的作用，但对其排水却形成了阻挡。从图14-2b温室后屋面看，在经过一段时间的运行后，靠近脊部的麦草基本裸露，而在靠近女儿墙处又完全呈现出松散细土，这就说明雨水冲刷后屋面，将温室屋面的草泥保护层中泥浆冲出并集聚到女儿墙墙根，女儿墙确实起到了挡水作用。女儿墙的挡水，将会使屋面雨水积聚在后屋面并大量渗透到后屋面的草泥和麦草中，不仅给温室结构带来额外的荷载，而且麦草长期浸水还会腐烂，降低温室的保温性能。实际上，女儿墙阻水也会渗透到温室墙体，造成温室墙体浸水、风化，影响其强度和使用寿命。尽管当地降雨量不大，但笔者认为，在日光温室的后墙设置女儿墙似有不妥，如果必须要设置女儿墙，温室后屋面的有组织排水一定要保证畅通。

14.2　基础改造

原温室的山墙基础和后墙基础均采用毛石基础（图14-1a、b）。从现场看，基础完好，可以不用改造直接使用。

原温室骨架基础采用独立素混凝土基础（图14-3a）。从打开的基础看：①基础埋深不够；②基础不规则，且上大下小，不符合基础设计要求。为此，基础改造采用条形基础，通过圈梁的形式将所有温室骨架连接在一起。改造中在保护原有基础不动的条件下，从基础两侧开沟（图14-3a）、支模板（图14-3b）、浇筑混凝土（图14-3c），并在浇筑混凝土基础时预埋固定塑料薄膜压膜线和保温被压被绳的埋件。经过养护后拆除模板，表面抹灰粉刷，即完成对基础的改造。温室骨架在后墙上的连接，原来就是直接连接在墙顶圈梁上，连接可靠，因此，本次改造保留原连接方式，墙体、圈梁和骨架都保持原状未动。

a.开槽保留原基础　　　　　　　b.支模板　　　　　　　　c.浇筑混凝土

图14-3　骨架基础改造

14.3　骨架改造

原温室的骨架采用焊接桁架，上弦杆采用钢管，下弦杆和腹杆均采用光面钢筋。桁架除了传统的倾斜腹杆外，在上下弦杆之间还增设了垂直腹杆（图14-4a、b），增强了桁架的承载能力。从现场实际情况看，桁架除了有些表面锈蚀外，整体结构完好，无明显变形

（图14-3b、4a）。为此，在温室改造过程中完全保留了原温室骨架，只对其进行表面防腐处理，打磨铁锈，清洁底面，涂刷底漆和防锈漆（图14-4b、c）。

a.改造前骨架　　　　　b.刷防锈漆　　　　　c.改造后骨架

图14-4　骨架涂刷防锈漆

　　由于完全保留原温室骨架，温室的跨度、脊高、后屋面投影宽度等建筑参数如数保留，因此，温室的采光性能和作业空间也仍保留原样，没有任何提升。这或许是本次改造中的一点遗憾，但也是最经济的改造方式。

14.4　温室墙体改造

　　原温室墙体为砖墙。从现场看，山墙基本完好（图14-1a），后墙由于内外两层墙体没有拉结或拉结不牢而出现外层墙体局部坍塌，但内层墙体基本完好（图14-1b）。山墙为单层370mm厚砖墙，后墙如果拆除外层墙则内层墙也会成为与山墙一样的单层墙，虽然墙体具有足够的承重能力，但作为日光温室的保温墙体，其保温性能将明显不足。

　　为此，温室改造采用保留承重墙、外贴保温板的做法。对两侧山墙，首先剔除表面风化砖块后局部补砌新砖，然后对墙体内外表面进行水泥砂浆罩面（图14-5a），待水泥砂浆干燥后在墙体外侧挂贴橡塑板（图14-5b）。这种橡塑板是用废旧橡塑材料经过粉碎、黏合制成的具有一定柔韧性的保温板材，其内部为闭孔结构，保温性能好，可自防水，是一种生态环保型材料。这种材料的最大缺点是抗紫外线能力还不够，为此，温室改造中挂贴橡塑板后，在其外表面再覆盖一层防老化的白色塑料膜（图14-5c），用卡槽、卡簧压紧塑料膜并将其用自攻自钻钉固定到砖墙上。橡塑板的厚度为6cm。

a.粉刷水泥砂浆　　　　　　　b.挂粘橡塑保温板　　　　　　c.外罩塑料保护膜

图14-5　外墙改造方法

后墙的改造模式基本和山墙相同。所不同的是，原温室后墙为三层复合墙体结构，改造中首先要拆除外层墙体，并清理两层墙体之间的炉渣保温材料。之后的改造工序基本和山墙改造完全相同，包括剔除墙面风化碎砖、表面抹灰、挂贴橡塑保温板、塑料膜罩面（图14-6）。其中，橡塑保温板的厚度也采用与山墙相同的6cm厚板材。由于拆除了后墙的外层墙体，与之相关联的原温室女儿墙也被一并拆除，由此，也彻底消除了原温室存在的屋面女儿墙阻水的问题。

a.粉刷水泥砂浆　　　　　　　b.挂粘橡塑保温板　　　　　　c.外罩塑料保护膜

图14-6　后墙改造方法

墙体采用双层复合结构，内层砖墙承重并被动储放热，外层结构保温隔热，完全符合以被动储放热理论为基础的现代日光温室建造模式，墙体占地面积小，结构各层功能明确、各司其职。这种温室墙体改造方案不仅适用于同类温室的改造，而且可以直接用于新建温室。

14.5　温室后屋面与保温被更换

原改造温室后屋面采用麦草保温屋面，从用材方面讲，材料来源丰富，可充分利用农作物的废弃物，是一种经济、环保、可持续的建筑材料；从保温效果讲，麦草松散，自身热阻也较大，是一种良好的保温材料。但从使用寿命讲，由于麦草是有机材料，干燥状态下使用寿命可能较长，但在受潮或遇水后很容易发霉腐烂；此外，有机麦草中可能带有各种虫卵，这些虫卵孵化后也会蚕食分解秸秆，这些因素会直接影响其使用寿命。从支撑和保护保温层的屋面内层承重结构用材看，胶合板也是一种有机材料，而且直接面对温室内的高温、高湿空气环境，在温室运行的大部分时间内还直接接受太阳的直射和散射辐射，这都会影响材料的使用寿命。从保护保温层的外层材料看，草泥是一种非常经济且环保的建筑材料，但在长期的风吹、雨淋等外界自然环境中，表面泥土被风蚀、雨水冲刷，也会直接影响其使用寿命。

从改造温室的现场看，温室的屋面在经过10多年的运行后，有的已经坍塌（图14-1b、2a），有的发生风蚀和雨水冲刷表面泥土从草泥中分离（图14-2b），有的由于麦草腐烂、压实出现屋面局部塌陷或变形（图14-2c）。为此，改造温室全部拆除了原温室后屋面，采用与墙体外贴保温板相同的橡塑保温材料，厚度6cm，内外两侧用耐老化塑料膜保护（图14-7）。

a.室外侧外表面　　　　　b.室内侧外表面

图14-7　温室后屋面改造方案

这种改造方法不仅显著减轻了温室后屋面的荷载，提高了保温性能，而且内外表面防水、防老化的性能也大大提升，由此也将大

大延长屋面材料的使用寿命。温室
墙体和后屋面的保温层连接为一
体，显著提高了温室覆盖材料的密
封性能。

图14-8　温室外保温被更换

温室前屋面活动保温被，原温
室采用针刺毡，使用多年后已经破
损，达不到保温要求，本次改造直
接进行了更换。更换的保温被为与
墙体和后屋面保温板相同原材料的橡塑发泡被，材料厚度3cm，双
侧热合抗老化膜。值得说明的是这种保温被在安装过程中采用整体
热合的连接工艺，保温被安装后为一幅整体无缝被（图14-8），完全
消除了传统保温被由于幅宽小而导致的保温被幅与幅之间连接处密
封不严的问题，使温室的保温性能和防水性能都得到了显著提升。

14.6　其他建筑构造改造

除了温室主体结构的改造外，本次改造还在温室山墙附加设置
了防风挡板（图14-9a），可有效阻挡侧风进入屋面保温被，防止保
温被被风掀起。在温室屋脊处设置了卷帘机防过卷挡杆（图14-8），
可有效避免卷帘机在操作过程中由于操作不当而造成保温被卷过温
室屋脊的事故。在温室的墙体外侧设置防水地布材料覆盖的散水（14-
9b），不仅可解决建设工程硬化地面的问题，而且可有效疏解屋面雨
水对墙体的浸湿；同样的材料用于铺设室内走道（图14-7b），完全
解决了室内走道硬化的问题。

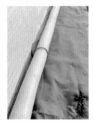

a.山墙挡风板　　　　　　b.散水　　　　　　c.门斗及上屋面台阶

图14-9　其他建筑构造改造

为方便作业人员上屋面检查和维修卷帘机、更换塑料薄膜和保温被、维护后屋面，本项目在改造的过程中还借用温室门斗和后墙增加设置了屋面上人台阶（图14-9c），极大地方便了作业人员的操作和作业的安全性。为统一温室的外观色调，改造温室的过程中也将门斗墙面进行了粉刷，使改造温室整体焕然一新。本次改造还同时更换了塑料薄膜和卷帘机，更新了屋脊通风口及开窗机构，设置了通风口防虫网，为防止屋脊部位兜水，在通风口还设置了防兜水网。这些都是常规技术，不再赘述。

14.7 改造后温室及性能

该温室2021年改造后当年即投入运营，室内种植番茄。图14-10为2021年12月27日一昼夜室内外温度变化曲线。由图可见，在室外最低温度达到-24℃的条件下，改造室内夜间最低温度保持在11.7℃，室内外温差达到35℃以上，基本保证了喜温果菜的越冬生产。与没有改造的对照温室相比，同期室内最低温度还提高了2℃。从2021年12月至2022年2月初的整个冬季温度变化看（表14-1），在室外温度-24～-12℃的条件下，改造温室内的温度始终保持在10℃以上，而没有改造的对照温室室内最低温度基本都在10℃以下，两者温差在1.1～4.4℃。在温室采光性能不变的条件下，改造温室提高了室内温度，说明改造温室6cm厚橡塑保温板的保温性能至少

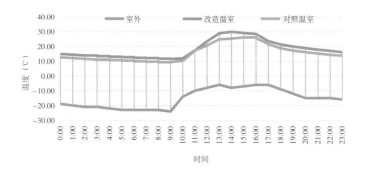

图14-10 改造后温室冬季运行室内温度

达到了240mm厚砖墙的保温性能。由此可以得出结论，温室保温系统的改造是成功的。这种保温系统改造方法也可在类似温室和同等气候条件下推广应用。

表14-1   2021—2022年度冬季最冷时节各旬最低温度（℃）

时间段	室外温度	改造温室	对照温室	改造-室外*	改造-对照
2021年12月1—10日	−12.0	11.7	9.9	23.7	1.8
2021年12月11—20日	−17.0	13.2	8.8	30.2	4.4
2021年12月21—31日	−24.0	9.3	8.2	33.3	1.1
2022年1月1—10日	−15.0	10.3	9.1	25.3	1.2
2022年1月11—20日	−17.0	11.0	9.6	28.0	1.4
2022年1月21—31日	−16.4	12.2	9.6	28.6	2.6
2022年2月1—10日	−18.0	10.7	7.6	28.7	3.1
2022年2月11—13日	−17.0	12.5	10.4	29.5	2.1

* "改造"为改造温室；"室外"为室外温度；"对照"为对照温室。

14.8 改造温室造价

本工程温室跨度7m，长度50m，总建筑面积350m^2，改造总费用72 187元，折合206元/m^2，详见表14-2。

表14-2   温室改造费用明细

序号	项目	数量	单位	单价（元/单位）	总价（元）
1	基础工程（含开沟、支模版、浇筑混凝土、埋件）	50	m	70	3 500
2	骨架防锈（含纵向系杆）	51	榀	70	3 570
3	墙面抹灰（含山墙和后墙内外表面抹灰）	147	m^2	30	4 410

（续）

序号	项目	数量	单位	单价（元/单位）	总价（元）
4	外墙保温（含山墙和后墙橡塑保温板、表面防老化塑料膜、卡槽、卡簧等）	85	m²	66	5 610
5	后屋面改造（含后屋面支撑系杆、橡塑板及双侧表面防老化塑料膜、卡槽、卡簧等）	105	m²	85	8 925
6	保温被更换（含保温被固定压条、保温被、压被绳等）	412	m²	39	16 068
7	屋面棚膜更换（含棚膜、防虫网、卡槽、卡簧、压膜线、屋脊通风窗开窗机构、防水兜钢丝网）	412	m²	13	5 356
8	卷帘机	1	套	5 000	5 000
9	上屋面台阶	1	套	1 100	1 100
10	园艺地板（含散水、室内走道）	80	m²	5.6	448
11	人工费	70	人日	260	18 200
12	合计				72 187

注：①造价表中不含门斗的修缮费用；②造价中不含运输费；③不同工程因改造项目不同造价会有差别。

附　常用工程学符号简表

符号	工程学意义
□	方管（矩形管）
C	C形钢
∟	角钢
—	钢板
Φ	圆管外径
φ	圆管内径
Ø	圆柱体基础直径
φ	Ⅰ级光圆钢筋HPB235直径
Φ	Ⅱ级螺纹钢筋HPB335直径

延伸阅读

书名：《温室工程实用创新技术集锦3》

著者： 周长吉

定价： 180元

装订： 精装、全彩

出版时间： 2022年8月

内容简介： 本书是《温室工程实用创新技术集锦》的第3辑，收录了作者自2019年以来走访、调研、考察国内外温室设施后撰写的多篇实用技术文章。作者用专业的眼光、通俗的语言、直观的图片和细致的总结，介绍了包括日光温室、塑料大棚和连栋温室工程从设计、建造到运行、管理等不同环节的多种技术，几乎囊括了当今温室工程的各个方面。内容广泛、技术实用、图文并茂、知识点多，是一本非常实用的工程技术手册，不仅适用于温室建造者和温室生产者阅读，也适用于相关专业的大中专学生学习，对国内外温室工程技术的教学和科研也有良好的参考价值。

作者其他图书

丛书名："设施农业技术系列丛书"

丛书主编：周长吉

书名：《温室透光覆盖材料选择与应用》

主编：何 芬

定价：35.8元

装订：平装、全彩

出版时间：2022年8月

内容简介：本书是一本介绍温室透

光覆盖材料特性与使用的出版物，

总结了温室透光覆盖材料的共性特

征及性能使用要求。主要内容包括

温室透光覆盖材料分类，温室对透光覆盖材料基本性能要求，覆盖材料透
光性能、机械性能、保温性能、抗老化性能以及其他性能参数的测定方法，
不同类型透光覆盖材料的性能及使用要求，典型透光覆盖材料安装方法等。
图文并茂、通俗易懂，适合温室设计、建设、施工等技术人员在选择及安
装温室透光覆盖材料时阅读参考。

以上图书购买请前往中国农业出版社天猫旗舰店

温室类图书出版咨询：

周锦玉　010-59194310

　　　　15801312233（微信）